天津市科普重点项目

乡村实用信息技术丛书

U0798832

乡村无纸化办公

实用技术

主　编　马　雪　宋　斌

编　者　刘　伟　高冠群　刘玉晓

秦家慧　王丽学　王　倩

王　姝　王　莹　徐建欣

陈绍慧

天津出版传媒集团

天津科技翻译出版有限公司

图书在版编目(CIP)数据

乡村无纸化办公实用技术 / 马雪, 宋斌主编. — 2版. — 天津 : 天津科技翻译出版有限公司, 2021.1
(乡村实用信息技术丛书 / 陈绍慧主编)
ISBN 978-7-5433-4065-7

Ⅰ.①乡… Ⅱ.①马… ②宋… Ⅲ.①办公自动化-应用软件 Ⅳ.①TP317.1

中国版本图书馆 CIP 数据核字(2020)第 264602 号

乡村无纸化办公实用技术
XIANGCUN WUZHIHUA BANGONG SHIYONG JISHU
马雪　宋斌　主编

出　　版:天津科技翻译出版有限公司
出 版 人:刘子媛
地　　址:天津市南开区白堤路 244 号
邮政编码:300192
电　　话:(022)87894896
传　　真:(022)87895650
网　　址:www.tsttpc.com
印　　刷:天津新华印务有限公司
发　　行:全国新华书店
版本记录:710mm×1000mm 16 开本 12.25 印张 170 千字
2021 年 1 月第 2 版 2021 年 1 月第 1 次印刷
定价:35.00 元

丛书编委会

丛书前言

实施乡村振兴战略,农业信息化是突破口。农业信息化是农业现代化的重要标志,是现代农业的制高点,对于加快转变农业发展方式、建设现代农业具有重要作用。农民是乡村振兴的承载者,也是乡村振兴的受益者,更是乡村振兴效果的评判者。我们看到,在当前国家信息化发展大潮中,城乡数字化鸿沟是现实存在的,农民的信息化应用水平还需要进一步提升,本地化熟悉信息技术的人才还需要进一步培养。加强信息化科普教育,是尽快提升农村居民信息科学普及程度的重要手段和路径。

编辑出版《乡村实用信息技术丛书》正是贯彻落实习近平总书记和党中央关于农业农村信息化发展的部署要求,将先进的、实用的信息技术有针对性地传送到乡村振兴主战场,为我国农业现代化的发展提供科技支撑,是顺应历史潮流、惠泽广大农民、落实乡村振兴的重要举措。

本套丛书立足天津市农村和农业生产实际,突出实用性、通俗性和新颖性,从乡村互联网、乡村物联网、乡村电子商务、乡村无纸化办公四个层次多侧面、多角度、全方位介绍实用信息技术,并辅以常见问题及解决方法,重点技术及操作配有二维码,将纸媒与电子书及其他媒体连接,为乡村信息建设提供有力技术支撑。

本套丛书内容丰富、通俗易懂、图文并茂、深入浅出,文字简明扼要,技术可操作性强,理论联系实际,是一套贴近生产实际、看得懂、用得上、学得会的参考书,很适合广大农民朋友使用。本套丛书也可供广大农业物联网生产管理者、乡村互联网信息管理者、乡村电子商务工作者、乡村基层办公人员,以及从事农业信息化研究、开发与教学的人员参考,或者作为农业工程及农业信息管理等专业本科生和研究生的教材,以及农业软件开发人员和农业信息管理人员的培训教材。

本套丛书凝结了一批具有丰富实践经验的农业信息技术领域科技人员的心血和智慧，他们站在科学前沿，以诚挚的热情和高度的责任感，为乡村带去信息化的精神食粮，帮助农民朋友脱贫致富，必将为乡村振兴做出新的贡献。

在《乡村实用信息技术丛书》即将付梓之际，我衷心希望它的出版发行能够使广大农民朋友从中学到信息技术及知识，提升致富技能，也希望该书能在农业现代化发展、社会主义新农村建设、普及农业信息知识、提高农民素质、助力乡村振兴等方面发挥积极作用。

陈纪慧

2020 年 4 月

前　言

随着网络信息化的发展，政府机构加大了以办公自动化为主的信息化建设力度。中央及地方政府部门提出“要以信息化建设带动工业建设”的思路，政府行政管理信息网络化建设是一场深刻的革命，势在必行。尤其是对于乡村基层农业系统办公，迫切需要改善办公手段，提高办公效率。推进乡村办公自动化，有利于改进传统办公方式存在的缺陷，减少工作量，提高工作效率，减少资源浪费。

近年来，办公自动化在我国农村基层得到了一定的发展。但是，许多农业基层工作人员、农民对办公自动化技术的了解不够深入，要想快速熟悉并掌握电脑各方面的操作技能还是比较困难的，为此我们编写了本书。

本书主要针对农村基层工作人员、农民等目标人群，以实用性和让读者感兴趣为出发点，采用由浅入深、由易到难的方式，用通俗易懂的语言，辅以清晰的图片，详细地介绍电脑办公基础知识、使用拼音输入法打字、常用 Office 办公软件、办公自动化系统、网络即时通信软件等方面的内容，指导读者运用电子设备进行办公、沟通和交流，真正让读者看得懂、用得上、有实效，从而有利于农村基层办公实现无纸化、便捷化，达到提高农民综合素质的目的。同时，对一些常用操作配置了二维码，读者通过扫码可以观看操作步骤视频，更加便于学习掌握。

在编写本书的过程中，编者们本着严谨求实的态度，所用图片大部分来自实际工作之中，保证了本书内容的客观性、可靠性和实用性。如果您在使用本书时遇到问题，可以发送邮件至 nykjxx@sina.com，与我们进行沟通和交流。

我们真诚希望读者阅读本书之后，能够增长对电脑的使用技能，并在工作实践中灵活运用，为服务三农和乡村振兴贡献一份微薄的力量！由于编者水平有限，书中疏漏和不当之处在所难免，在此恳请专家、同仁与广大读者批评指正，我们将认真听取您的宝贵意见。

编者

2020 年 4 月

目　录

第一章

办公自动化概述

随着科学技术的发展，办公设备不断更新换代,人们的办公技能不断提高。但由于大部分基层农村工作者对电脑等办公设备掌握水平不高、办公自动化设备不健全等原因，办公模式主要依赖于传统办公方式。农村办公自动化水平的提高，对于提高基层农村工作效率和工作水平具有十分重要的作用。本章将从了解办公自动化开始，逐步介绍办公自动化的各种应用技术。

一、概念提出

20 世纪 70 年代，美国麻省理工学院教授季斯曼（M.C.Zisman）提出了一个较为完整的定义，办公自动化就是将计算机技术、通信技术、系统科学及行为科学应用于传统的数据处理技术难以解决、且数量庞大而结构不明确、包括非数值型信息的办公事务处理综合技术。

1985 年，我国给出的办公自动化定义是指办公人员利用先进的科学技术，不断使人的办公业务活动物化于人之外的各种设备中，并由这些设备与办公室人员构成服务于某种目标的人机信息处理系统，以达到提高工作质量和工作效率的目的。

简单来说，办公自动化是指利用现代化的办公设备、计算机技术和通信技术来代替办公人员的手工作业，从而大幅度地提高办公效率。

办公自动化不仅能够实现人与人、部门与部门之间的电子公文传递，还能够完成公文批阅之类的工作流程，协同完成工作事务，并尽可能充分利用各种信息资源，辅助领导决策，提高用户的办公效率和办公质量。通过广域网，办公自动化系统还可以实现单位与单位之间传递电子公文。

二、主要内容

办公自动化系统是一种解决特定行政办公类需求的信息系统，擅长处理类似邮件、公告、公文流转类型的行政办公类应用需求。办公自动化系统简单易用，投资很少，维护安装方便，具体包括文件处理、事务处理、文字处理、档案处理、日程处理、电子邮件、电子报表、数据处理、信息管理、决策支持等内容。采用计算机文字处理技术编辑和存储各种文档，采用其他先进设备，如复印机、传真机等复制、传递文档，或者采用计算机网络信息技术传递文档，是办公自动化的基本特征。一个较完整的办公自动化系统，应当包括信息采集、信息加工、信息传输、信息保存等四个环节。

三、发展过程

1975 年，美国首先提出办公自动化设想。1978 年，其流行于日本等国。我国在 1978 年提出推行办公自动化。目前，办公自动化已经发展成为集合了通信技术、信息处理技术、数据库技术、芯片技术、系统科学、行为科学等先进科学技术的综合技术体系[1]。

办公自动化的发展大致经历三个阶段：第一阶段，主要标志是办公过程中普遍使用现代办公设备，如传真机、打字机、复印机等；第二阶段，主要标志是办公过程中普遍使用计算机和打印机，通过使用计算机和打印机进行文字处理、表格处理、文字排版输出和人事、财务等信息的管理，称为“半自动化”阶段；第三阶段，主要标志是办公过程中网络技术的普遍使用，办公过程通过使用网络，实现了文件信息共享、网络打印共享、网络数据库管理等无纸化办公。

四、主要优点

传统办公方式，行政审批程序烦琐，特别是在工作量大、办公人员少的情况下，极大地降低了办公效率；另外，需要消耗大量纸张，浪费资源，办公费用高。

办公自动化系统简单易用，投资很少，维护安装方便，可以有效地改进传统办公的缺陷。具体优点如下：

●政务信息的采集、处理、传递和使用，都可以利用计算机及网络；各项政令的传递、实施和反馈等，都可以借助网络工具来实现，不仅节省办公时间，还可显著提高管理水平。

●节省了纸张、通讯、交通等方面的办公费用，减少了办公人员的工作量，大大提高了办公效率。

●办公自动化解决了公文流转的问题。办公自动化在很大程度上改变了人们的办公观念和习惯，实现了政府信息的数字化和网络化。

五、重要意义

目前，我国大多数基层乡镇政府存在工作效率低、服务群众力度不够、获取信息不及时等问题，农村基层工作者对于简单的办公软件掌握不熟练，甚至不会使用，办公人员大多为非计算机专业人员，他们的计算机知识尤其是计算机操作系统和硬件知识严重缺乏，导致工作效率降低，不利于科学管理和行政决策服务水平的提高，严重制约了经济的发展和信息化建设。

乡村办公自动化，可以运用网络实现数据的交换，减少原有纸质化流程，使用电脑处理日常的公务，可以实现各级部门间的数据交换、上报和下达等任务，达到信息资源的分级管理、共享以及业务处理。同时，能大大提高基层乡镇政府的办公效率，加速不同部门、不同行业之间的信息交流，紧密地将各级政府部门、企业、事业单位结合在一起，实现协同政务，资源共享，科学决策。

乡村办公自动化，不仅能有效实现党政办公自动、高效、透明，而且节省大量人力、物力、财力，有利于建设节约型社会，有利于政府机关各类制度规范的形成，有利于推行政务公开，有利于避免各项政策逐级衰减，达到实效与时效的统一，有利于加强政府服务基层群众的互动交流，树立亲民、利民、为民的执政新形象。

第二章

电脑办公基础知识

现今社会科技水平不断发展，电脑广泛应用于我们的日常工作和生活当中，因其使用方便，受到人们的喜爱与欢迎。掌握必要的电脑使用技巧，可以更好地为我们的工作和学习服务。本章将介绍一些电脑基本常识，使读者初步了解电脑的基础操作。

一、认识电脑

在当今高速发展的信息化社会，电脑广泛应用于各个领域中。电脑办公是最常用的办公方式，使用电脑可以轻松步入无纸化办公时代，以节约能源、提高效率[2]。下面，我们从电脑的外形开始逐步介绍电脑相关基础知识。

（一）主要类别

电脑又叫计算机，是我们工作和生活中不可缺少的重要工具，使用电脑可以轻松实现无纸化办公，提高工作效率、节约能源，被广泛用于各个领域和家庭中。从构造方面来说，电脑分为台式电脑、笔记本电脑以及电脑一体机。

▶▶▶台式电脑

一种独立且相互分离的计算机，完全与其他部件无联系。主要包括：主机、显示器、键盘、鼠标、音箱等设备，还可连接打印机、扫描仪等外部设备。相对于笔记本电脑体积较大，一般需要放置在办公桌或者专门的工作台上，如图2–1所示。

图 2–1

▶▶▶笔记本电脑

图 2–2

又称笔记型、手提或膝上电脑，是一种小型、可携带的个人电脑，很受使用者喜爱。其发展趋势是体积越来越小，重量越来越轻，而功能却越发强大，如图 2–2 所示。

▶▶▶电脑一体机

电脑一体机是台式机和笔记本电脑之间的一种新型的产品，它是将主机与显示器部分整合到一起的新形态电脑，其创新在于内部元件的高度集成。随着无线技术的发展，电脑一体机的键盘、鼠标与显示器可实现无线连接，机器只有一根电源线，既避免了台式电脑线缆多而杂的缺点，节省了空间，又解决了笔记本电脑屏幕小的缺点，如图 2-3 所示。

图 2-3

（二）组成部分

电脑的组成部分包括硬件部分和软件部分。硬件部分有主机、显示器、键盘、鼠标、音箱和耳机。软件部分有操作系统（Windows XP、Windows 10 等）、应用软件（Office 办公软件、暴风影音多媒体播放软件、360 防病毒软件等）两大类。

二、电脑的开启与关闭

（一）开启电脑

启动前，将显示器和主机电源插头连接好，插座接通电源，显示器的电源开关处于打开状态，接着按下主机前面板的电源按钮，主机面板的指示灯变亮，电脑就启动了，随后便进入操作系统的界面。

（二）关闭电脑

电脑使用完毕后，应关闭电脑。首先关闭主机，再关闭显示器开关以及其他电源开关。下面以 Windows 10 操作系统为例，具体介绍关闭电脑的方法。

步骤：在任意界面下，将鼠标移到屏幕左下方，点击【开始】按钮，再单击【关机】命令，电脑会停止所有程序并退出操作系统，随后系统自动断开主机电源，如图 2-4 所示。

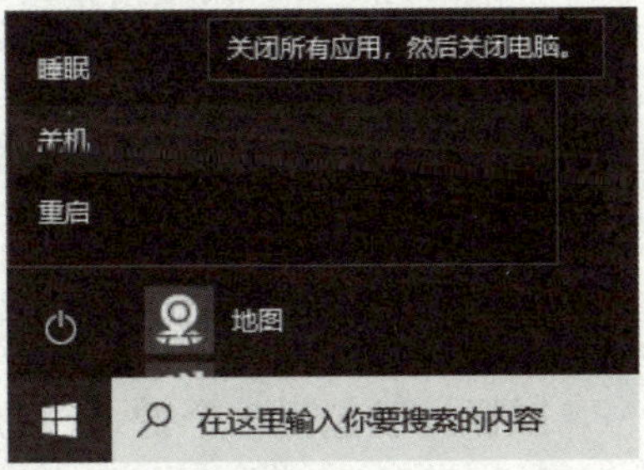

图 2-4

三、鼠标的基本操作

(一)正确握鼠标

▶▶▶鼠标安放位置

首先调整好桌子高度,建议桌子高度要低于坐着时肘部的高度。鼠标应放在稍低位置,这个位置相当于坐位时,上臂与地面垂直时肘部的高度。键盘的高度应该和这个高度差不多。

▶▶▶手握鼠标姿势

使用鼠标前,将下臂紧贴桌面,下臂不要悬空,依靠手腕做支点,右手掌心贴合于鼠标背部,拇指放在鼠标左侧,示指自然平放在左键上,中指平放在右键上。点击按键时,指腹与按键接触;移动鼠标时,手腕随鼠标移动。由于整个右手自然放在鼠标上,手部疲劳度低,是大部分右手型以及长时间操作鼠标用户采用的握姿。

[小提示]

使用鼠标和键盘时,每工作 40 分钟需起身活动一下,避免长时间在电脑前工作。

(二)鼠标的操作

鼠标一般包括 3 个键,分别是左键、右键和中键。启动电脑进入操作系统后,桌面上会出现一个小箭头,这就是鼠标指针。它可以随着手握鼠标移动而移动。鼠标的基本操作有指向、单击、双击、右击和拖动等。

●指向:不按任何键的情况下,移动鼠标指针到某个对象,如文件、图标等,停留 1~2 秒,会显示相应的提示信息。

●单击:将鼠标指针指向某个对象后,按一下鼠标左键,然后立即松开。单击是使用频率最高的操作,用于选中对象、定位光标、点击命令按钮等。

●双击：将鼠标指向某个对象后，连续按鼠标左键 2 次后立即松开，动作连贯迅速，用于启动某个程序，打开某个窗口、文件等。

●右击：将鼠标指针指向目标位置，按一下鼠标右键，然后立即松开。通常用于弹出相应的快捷菜单。

●拖动：选中某个对象，按住鼠标左键不放，移动鼠标指针到指定位置后松开左键，该对象将移动到该位置。通常用于移动某个对象的位置，也可以用于选择多个对象。

选中多个对象方法是，在空白处按住鼠标左键不放并拖动，形成一个对角线方框，松开鼠标左键后，方框内的对象全部选中。

四、键盘的使用

使用电脑的过程中，键盘是最常用的设备之一，它是输入文本和数据的主要工具。通过键盘可以将数字、字母、标点符号等输入到电脑中，进而向电脑发出指令，实现相关操作。

（一）键盘介绍

键盘有 5 个区域：主键盘区、编辑控制键区、功能键区、数字小键盘区和状态指示灯区。

►►► 主键盘区

主键盘区是键盘使用最频繁的一个区域，也是键盘键位最多的一个区域，主要用于输入文字、符号、数据等信息，包括 11 个符号键、14 个控制键、26 个字母键和 10 个数字按键，如图 2–5 所示。

●Tab 键：制表键，位于键盘左上方，用于将光标向左或向右移动一个制表的位置、不同表格的顺序跳格和窗口各按键之间的切换。

●Caps Lock 键：大写字母锁定键，位于键盘左侧位置，用于英文字母大小写之间的切换。

●Shift 键：上档键，共 2 个，位于字母键两侧，用于输入键盘上的符号和数字键上方的符号。与字母键组合使用，输入大小写字母，字母大小写状态与当前键盘状态相反;与数字键或符号键组合,可输入键盘上面的符号。

●Ctrl 键:控制键,共 2 个,位于主键盘区的左下方和右下方,与其他键组合使用,用于实现不同功能。

●Alt 键:转换键,共 2 个,位于主键盘区的左下方和右下方,与其他键组合使用,用于实现不同功能。

●Enter 键:回车键,位于退位键下方,用于换行或执行操作。

●Backspace 键:退位键,位于主键盘区的右上方,用于光标向左移动,并删除光标前一个字符。

●Space 键:空格键,位于键盘下方,是键盘上最长的一个键,键面上无任何标识,用于输入一个空格。

图 2-5

▶▶▶编辑控制键区

编辑控制键区位于主键盘区右侧,包括对光标进行操作的键位及页面操作功能键,主要用于处理文字时控制光标的位置,它由 9 个编辑键、4 个方向键组成,如图 2-6 所示。

●Print Screen 键:屏幕打印键,用于全屏截图。

●Scroll Lock 键:滚动锁定键,用于电脑屏幕显示内容的滚动和取消滚动间的切换。

●Pause Break 键:暂停键,用于暂停或中断屏幕的滚动显示。

●Insert 键:插入键,用于文本输入时在插入和改写间切换。

●Home 键:首键,用于将光标移动到编辑窗口或非编辑窗口的第一行的第一个字上。

●End 键:尾键,用于将光标移动到编辑窗口或非编辑窗口的第一行的最后一个字上。

●Page Up 和 Page Down：向上翻页键和向下翻页键，用于电脑屏幕内容的上下翻页。

●Delete 键：删除键，用于删除光标右侧的字符。

●4 个方向键：包括【↑】【↓】【←】【→】4 个方向，用于将光标上移、下移、左移或右移一个字符。

图 2-6

▶▶▶功能键区

功能键区位于键盘上方，由 13 个按键组成，如图 2-7 所示。

图 2-7

●Esc 键：取消键，用于取消或中断某项操作。

●F1：打开当前应用程序的帮助窗口。

●F2：选中一个文件或文件夹，快速重命名。

●F3：在桌面上按住 F3，打开搜索窗口。

●F4：打开浏览器地址栏列表。

●F5：刷新当前页面。

●F6：快速定位到地址栏。

●F7：在 Windows 中无作用，仅在 DOS 窗口中有用，显示最近使用过的 DOS 命令。

●F8：启动 Windows 系统时，显示启动菜单。

●F9：在 Windows Medica Player 中用来降低音量。

●F10：激活 Windows 或程序中的菜单，按【Shift +F10】组合键弹出右键快捷菜单；在 Windows Medica Player 中用来提高音量。

●F11：窗口切换为全屏。

●F12：在 Word 中可以快速打开【另存为】窗口。

▶▶▶数字小键盘区

数字小键盘区位于编辑控制键区的最右侧，共 17 个键位，包括数字键和运算符号键等，如图 2-8 所示。

[小提示]

Num Lock 键可以关闭或开启数字键盘区。关闭数字键盘区时，该键上方的指示灯熄灭，此时数字键【2】【4】【6】【8】的功能与光标移动键功能相同，依次对应【↓】【←】【→】【↑】4 个方向。

图 2-8

▶▶▶状态指示灯区

状态指示灯区在键盘最右侧上方，包括 3 个指示灯：Num Lock 指示灯、Caps Lock 指示灯、Scroll Lock 指示灯，如图 2-9 所示。

图 2-9

●Num Lock 指示灯：由数字小键盘区的 Num Lock 键控制，该灯亮时，表示数字小键盘区处于数字输入状态。

●Caps Lock 指示灯:由主键盘区的 Caps Lock 键控制,该灯亮时,表示字母键处于大写状态。

●Scroll Lock 指示灯:由编辑控制键区的 Scroll Lock 键控制,该灯亮时表示屏幕被锁定。

(二)操作键盘的正确姿势

●座椅高度合适,坐姿端正自然,两脚平放,全身放松,上身挺直并稍微前倾。

●两肘贴近身体,下臂和手腕向上倾斜,与键盘保持相同的斜度;手指略弯曲,指尖轻放在基本键位上,左右手大拇指轻放在空格键上。

●按键时,手抬起,手指伸向要击打的键位,按键时要轻巧,用力均匀。

(三)手指分工

操作键盘时,要遵循"十指分工、包键到指"的原则,即每个字键都有固定的手指负责。

十指分工:是每个手指分工负责几个键。通常左手小指应当保持放在 A 键上,在击键时,左手小指去击键,其他手指不动;击键后,左手小指迅速返回基本键位 A 键上。

包键到指:是键盘上的每一个键都必须使用规定的手指去击键,不能使用其他手指替代。

▶▶▶基本键位的手指分工

在标准英文键盘中,有 8 个键称为基本键位,通常左手和右手的手指应当保持放在这些基本键位上。

●左手:手指请分别放在 A—小指、S—无名指、D—中指、F—示指键上。

●右手:手指请分别轻放在 J—示指、K—中指、L—无名指、;—小指键上。

其中的 F、J 两个键上都有一个凸起的小棱杠,手指能通过触觉定位。左右手的拇指轻放在空格键上。

▶▶▶其他键的手指分工

●左手:示指负责的键位有 4、5、R、T、F、G、V、B 共八个键;中指负责 3、E、D、C

共四个键；无名指负责 2、W、S、X 共四个键；小指负责 1、Q、A、Z 及其左边的所有键位。

●右手：示指负责 6、7、Y、U、H、J、N、M 八个键；中指负责 8、I、K、,共四个键；无名指负责 9、O、L、.共四个键；小指负责 0、P、;、/及其右边的所有键位。

（四）击键要领

●坐姿和显示器的高度调整到最舒服的位置。

●击键时，要遵循"弓手、立指、弹键"的正确指法。

●击打任何键，手指从基本键位移到相应的键上，正确输入后，一定要返回基本键位。

●用左手击键时，右手要保持基本键位指法不变；用右手击键时，要保持左手基本键位指法不变。切不可小指击键时，其余三指（尤其是示指）翘起；或示指击键，另外三指翘起，这样会严重影响打字效率，而且看起来非常不美观。

●进行输入操作时，左右手应当协调操作，共同分担操作任务。如切换英文字母大小写时，右手输入字符时，左手按住【Shift】键；左手输入字符时，右手按住【Shift】键。有些键具有 2 个字母或符号，如数字键具有数字和特殊符号，用右手打特殊符号，则左手小指按住【Shift】键；若左手打特殊符号，则用右手按住【Shift】键。

五、安全维护

（一）日常维护

▶▶▶使用规范

●电脑应放于宽敞干净的空间内，周围要保留足够的散热空间。夏季，最好放置在有空调的房间中，或使用电风扇帮助散热。室内湿度一般保持在 30%~80% 之间，电脑可以正常工作[3]。

●不要用乙醇（酒精）或洗衣粉等腐蚀性液体擦拭显示器屏幕，可以直接用清水吸附于纸巾或抹布上，不可让水流进任何配件内。

●开机时，应先开外部设备，再开电脑；关机时，应先关电脑，再关外部设备，以避免在电脑开机状态下开关外部设备时产生电流冲击损坏电脑。

●电脑工作中，不要频繁开关电源。关机后，必须等待 2 分钟后再开机。因为频繁变化的电压和电流会影响主机板电路的性能，造成故障隐患。

●电脑工作中，严禁在工作状态下插拔内部元件。

▶▶▶清理硬盘垃圾文件

步骤 1：双击桌面【电脑】图标→打开【电脑】窗口→选择需要清理的磁盘分区（如 C 盘），用鼠标右键单击该图标→弹出快捷菜单→选择【属性】命令，如图 2-10 所示。

步骤 2：弹出【属性】对话框→单击【磁盘清理】按钮，如图 2-11 所示。

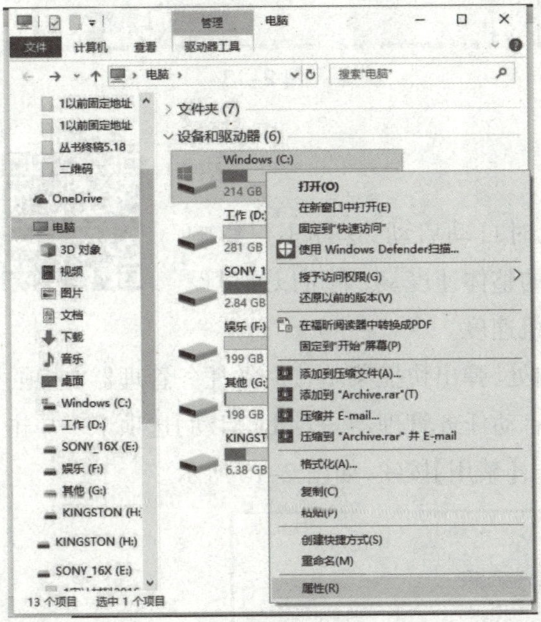

图 2-10

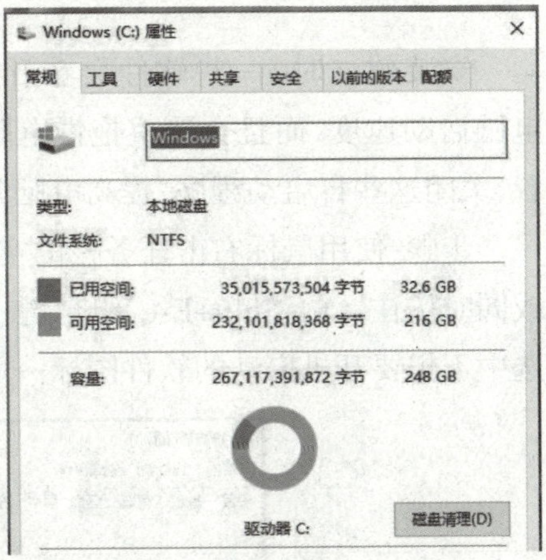

图 2-11

步骤 3：系统开始扫描磁盘分区中的文件→弹出对话框，显示垃圾文件→在想要清理的文件前打钩→单击【确定】按钮，如图 2-12 所示。

步骤 4：弹出【磁盘清理】对话框→单击【删除文件】按钮，如图 2-13 所示。

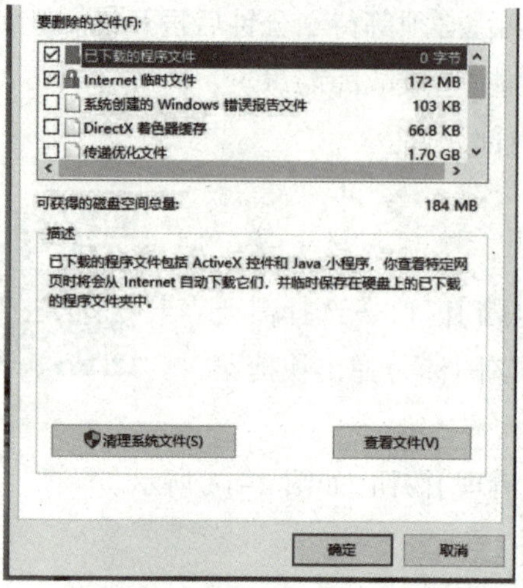

图 2-12

图 2-13

▶▶▶管理自启动程序

安装软件时，一些软件会在开机时自动启动，这样不仅影响电脑启动速度，而且会严重拖慢电脑的整体速度。我们可以通过设置，关闭这些自启动程序，提高电脑开机速度。

步骤：使用鼠标右击任务栏的空白处，弹出快捷菜单，选择【任务管理器】选项，或同时按住【Ctrl+Shift+Esc】组合键→启动任务管理器→点击【启动】选项卡→单击选中不想要开机启动的软件图标→单击【禁用】按钮，如图 2-14 所示。

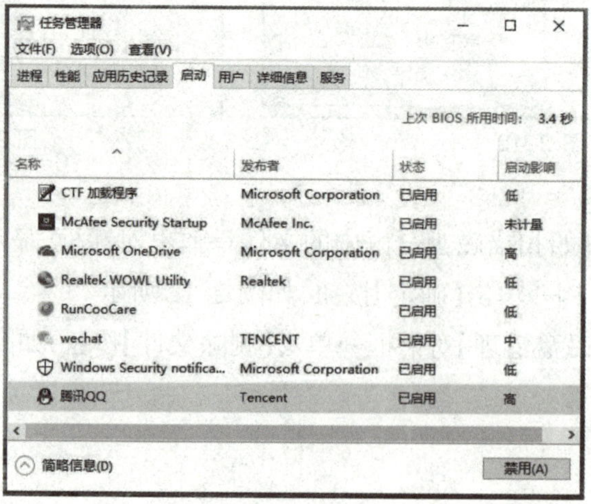

图 2-14

▶▶▶关闭未响应的程序

使用 Windows 系统时，我们经常会遇到某个程序没有任何反应，且不能用正常方法关闭的情况。这时，我们应该耐心等待一会，程序可能恢复正常状态。如果还是处于不响应状态，应该结束该进程，关闭程序或电脑。关闭方法有以下两种方式。

方法 1：使用鼠标右击任务栏的空白处，弹出快捷菜单，选择【任务管理器】选项，或同时按住【Ctrl+Shift+Esc】组合键→启动任务管理器→点击【进程】选项卡→单击选中需要关闭的程序→单击【结束任务】按钮，如图 2-15 所示。

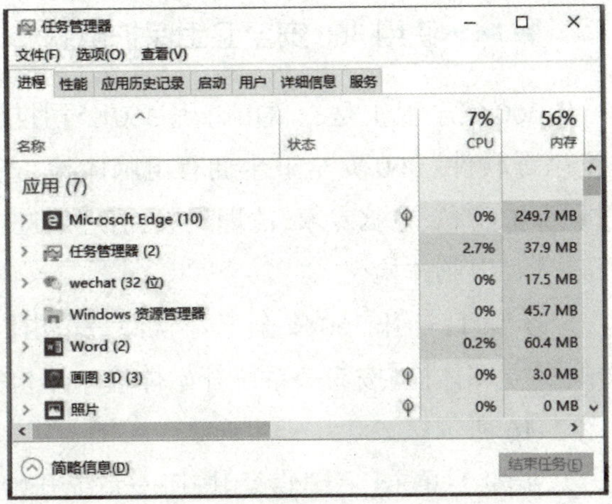

图 2-15

方法 2：持续按住主机电源按钮几秒钟，主机会强行断开电源，关闭电脑。

（二）查杀病毒

▶▶▶什么是电脑病毒

电脑病毒是指能够通过自身复制传染而引起电脑故障、破坏电脑数据的一种程序。简单地讲，电脑病毒就是一种人为编制的电脑程序，一般是编制者为了达到某种特定目的而编制的一种可破坏电脑信息系统、毁坏数据的电脑程序代码[4]。

▶▶▶电脑感染病毒表现

感染了电脑病毒，轻则系统运行速度缓慢，可使存储空间变小，重则破坏应用程序或删除数据，致使外部设备无法正常使用，给正常办公带来巨大的影响[5]。主要症状有以下几个方面：

- 电脑出现异常，如黑屏、蓝屏、死机。
- 丢失文件或文件被损坏。

- 有不明文件占用空间。
- 电脑速度明显变慢、变卡。
- 账号等数据丢失。
- 系统文件的时间、日期、大小发生变化。

▶▶▶使用 360 安全卫士保护电脑

360 安全卫士是一款由奇虎 360 公司推出的功能强、效果好、受用户欢迎的安全杀毒软件。360 安全卫士拥有电脑体检、查杀木马、清理插件、修复漏洞、电脑救援、保护隐私、电脑专家、清理垃圾、清理痕迹多种功能。下面介绍一些常用功能。

(1)电脑体检

步骤 1:打开 360 安全卫士软件→单击【电脑体检】→进入【电脑体检】界面→单击【立即体检】按钮→系统开始体检→体检完成后,显示电脑体检结果和分数,如图 2-16 所示。

步骤 2:单击【一键修复】按钮→系统开始修复→修复完成后,显示修复结果。

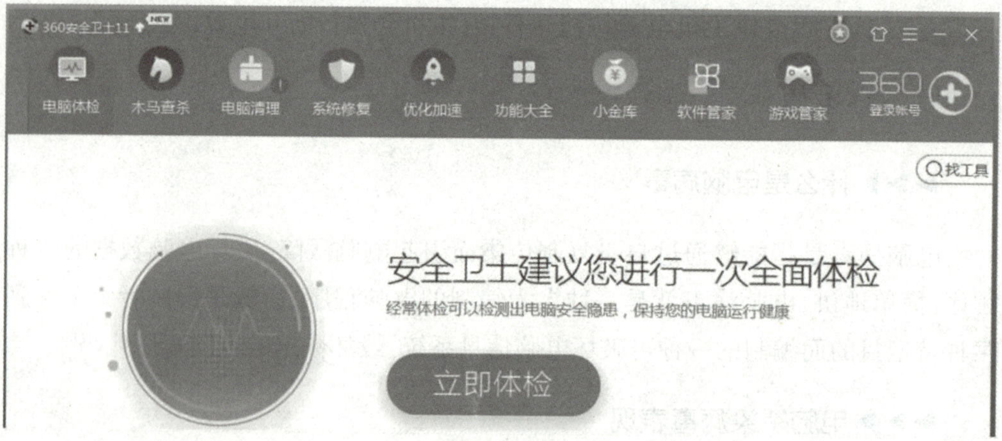

图 2-16

(2)查杀病毒

步骤 1:打开 360 安全卫士软件→单击【木马查杀】→进入【木马查杀】界面→单击【快速查杀】按钮,如图 2-17 所示。

步骤 2:系统开始扫描→扫描完成后,显示扫描结果→如果有木马病毒被查出，单击【立即处理】按钮→处理完成后，重启电脑。如果扫描后没有木马病毒，则单击【完成】按钮。

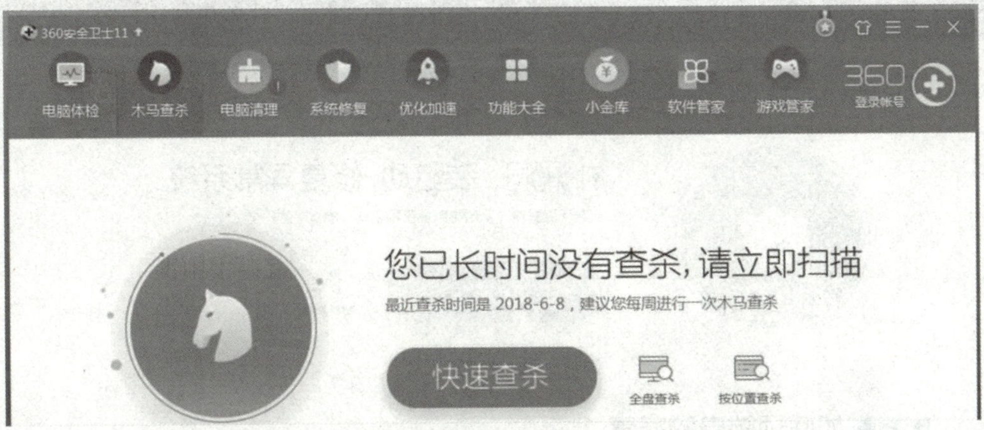

图 2–17

（3）清理恶意插件

步骤：打开 360 安全卫士软件→单击【电脑清理】→进入【电脑清理】界面→单击【全面清理】按钮→系统开始扫描→扫描完成后，显示结果→如果有恶意插件，点击【一键清理】按钮，如图 2–18 所示。

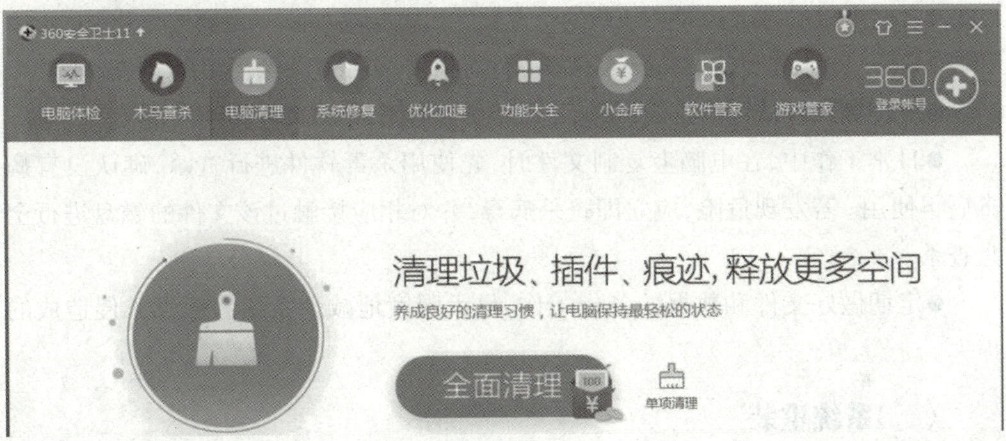

图 2–18

（4）漏洞修复

步骤：打开 360 安全卫士软件→单击【系统修复】→进入【系统修复】界面→单击【全面修复】按钮→系统自动扫描漏洞→扫描完成后，显示结果→如果系统有漏洞，按提示修复即可，如图 2–19 所示。

图 2-19

▶▶▶如何预防电脑病毒

电脑病毒会造成多种异常状况。如在屏幕上出现一些信息，自动删除数据，破坏文件，甚至格式化硬盘。电脑病毒无孔不入，平时使用电脑时，我们应养成良好的安全防范意识，才能减少电脑病毒对我们的危害。我们在使用电脑时，应做好以下几方面的工作，避免感染电脑病毒。

●及时更新系统补丁，使用正版的杀毒软件和病毒防火墙，一定要按时升级病毒库和查杀病毒。目前，常见的 Windows 杀毒软件有很多，如 360 杀毒、金山毒霸、瑞星等。

●应浏览经过认证的正规网站，不要点开不明来源的文件和网站链接。

●日常工作中，在电脑上复制文件时，先使用杀毒软件进行查杀，确认没有病毒后再使用。若发现危险，应立即查杀病毒，并对相应接触过该文件的磁盘进行全盘查杀。

●定期做好文件和数据的备份工作，最大限度地减少系统因病毒入侵造成的损失。

（三）系统重装

[小提示]

系统重装前，一定要备份好电脑里的系统和文件数据，以防丢失。

步骤 1:将 Windows 10 系统盘放入光驱中→重启电脑(电脑为光盘启动方式)→弹出安装向导对话框→设置语言、区域和输入法→点击【下一步】按钮。

步骤 2:点击【现在安装】按钮→输入产品密钥,点击【下一步】→勾选【我接受许可条款】复选框,点击【下一步】按钮。

步骤 3:选择安装方式,这里单击【自定义:仅安装 Windows(高级)(C)】选项→在打开界面选择用于安装操作系统的分区→单击【格式化】按钮→安装程序自动完成复制文件等功能→在文本框再次输入产品密钥→单击【下一步】按钮。

步骤 4:【快速上手】界面,点击【使用快速设置】或【自定义设置】按钮→【谁是这台电脑的所有者】界面,选择【我拥有它】→点击【下一步】按钮→进入【个性化设置】页面,填写登录信息,单击【登录】按钮,如不需要登录,单击【跳过此步骤】→进入【为这台电脑创建一个账户】界面,填写登录名、密码、密码提示信息→单击【下一步】按钮→安装结束。

六、网络存储工具(云盘)

云盘是一种互联网存储工具,是互联网云技术的产物,它通过互联网为个人和企业提供信息的存储、读取和下载等服务。具有安全稳定、存储空间大、好友共享等特点。

相对于传统实体磁盘来说,使用云盘更方便,不用再把实体磁盘带在身上。云盘不仅能安全存放重要数据和资料,而且可以随时随地从云端读取自己存储的信息。比较常用的云盘有百度云盘(百度网盘)、360 云盘、金山快盘等。下面以百度云盘的电脑版为例,介绍使用方法。

(一)注册

步骤 1:双击桌面百度网盘图标→启动程序→进入登录页面,如图 2-20 所示。

步骤 2:点击【注册账号】→弹出注册页面→填写用户名、手机号、密码、验证码信息→勾选【阅读并接受《百度用户协议》及《百度隐私权保护声明》】→点击【注册】按钮→提示注册成功,如图 2-21 所示。

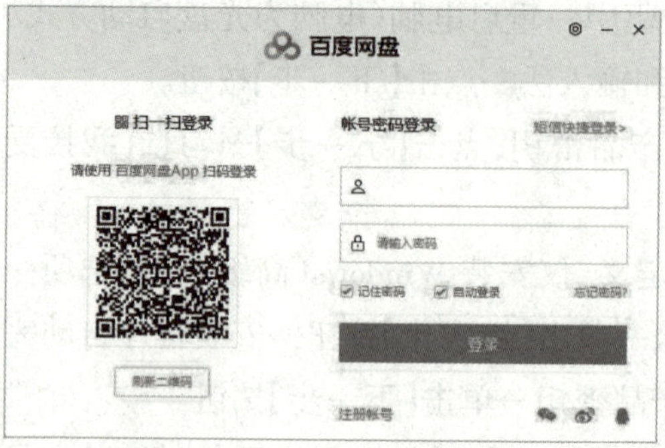

图 2-20

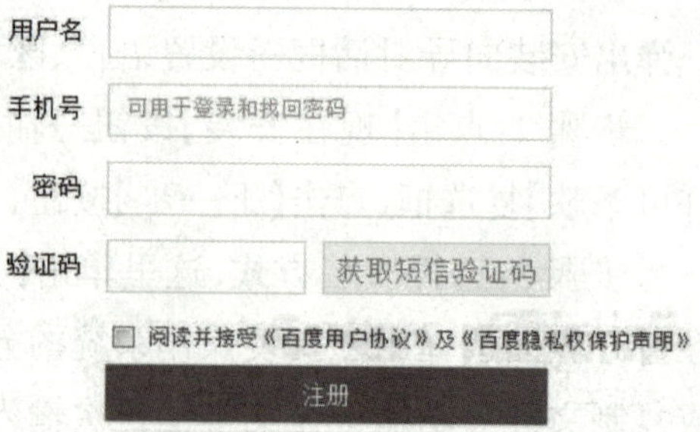

图 2-21

(二)登录

登录百度网盘,有两种方法供选择。

方法 1:双击百度网盘图标→弹出登录页面→填写账号、密码信息→点击【登录】按钮,如图 2-20 所示。

方法 2:点击登录页面左侧的二维码图片→用手机扫描二维码登录,进入百度网盘界面,如图 2-22 所示。

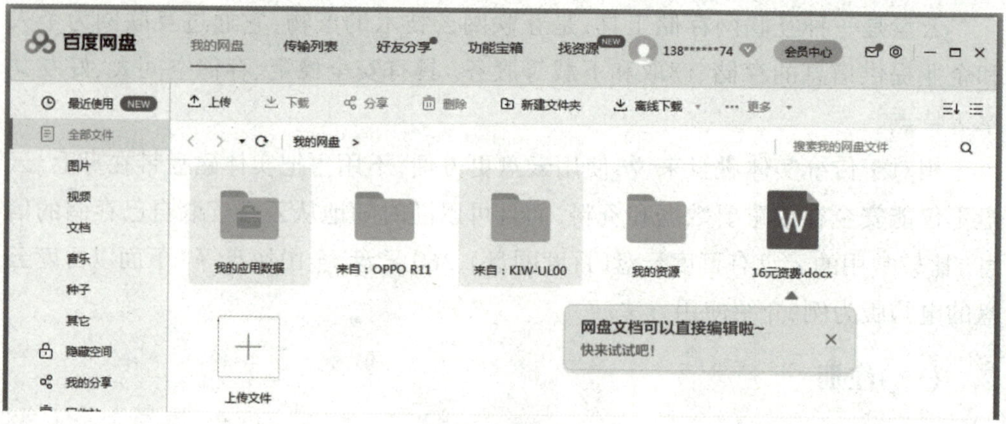

图 2-22

(三)上传文件

步骤:点击【上传文件】图标→选择要上传的文件→点击【存入百度网盘】按钮,如图 2-23 和图 2-24 所示。

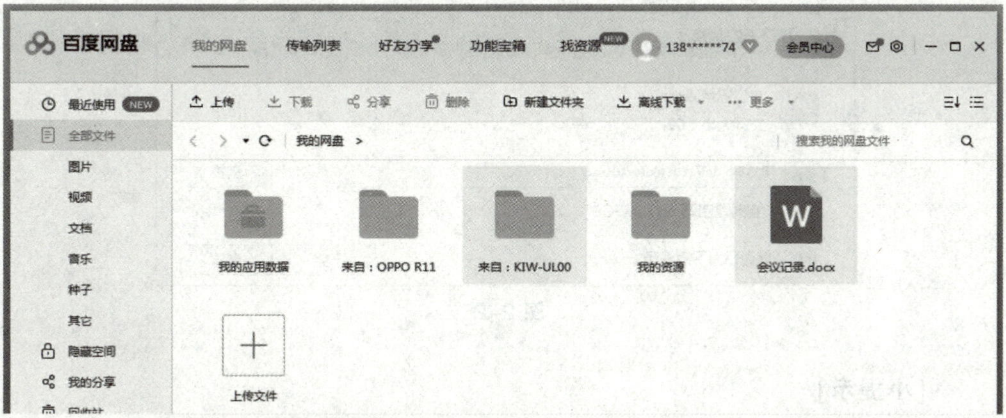

图 2-23

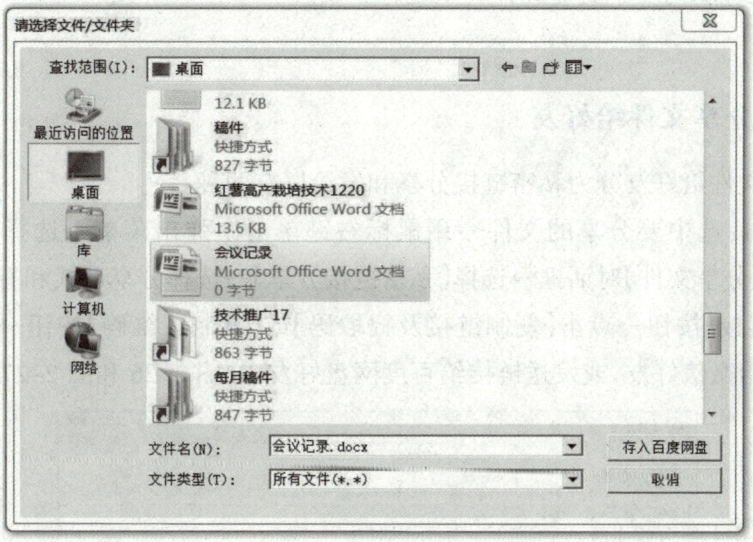

图 2-24

（四）下载文件

步骤：找到要下载的文件→用鼠标右键单击→弹出菜单→选择【下载】命令→弹出【设置下载存储路径】对话框→点击【浏览】按钮，选择下载路径→点击【下载】按钮，如图 2-25 所示。

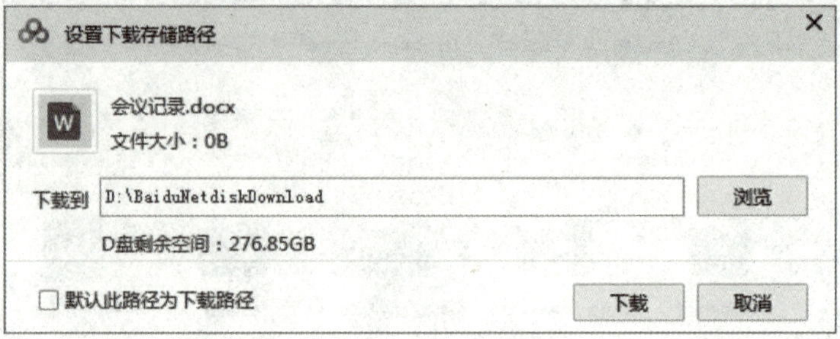

图 2–25

[小提示]

百度网盘支持批量下载，可以一次选中多个文件或直接将要下载的文件拉到一个新建文件夹中进行下载。

(五)分享文件给好友

分享文件给好友分为私密链接分享和发给好友两种。

方法 1：选中要分享的文件→用鼠标右键单击→弹出菜单→选择【分享】命令→弹出【分享文件】对话框→选择【私密链接分享】→选择分享形式和有效期→点击【创建链接】按钮→点击【复制链接及提取码】或【复制二维码】按钮→发送链接(二维码)给微信好友，或发送链接给百度网盘好友，如图 2–26 和图 2–27 所示。

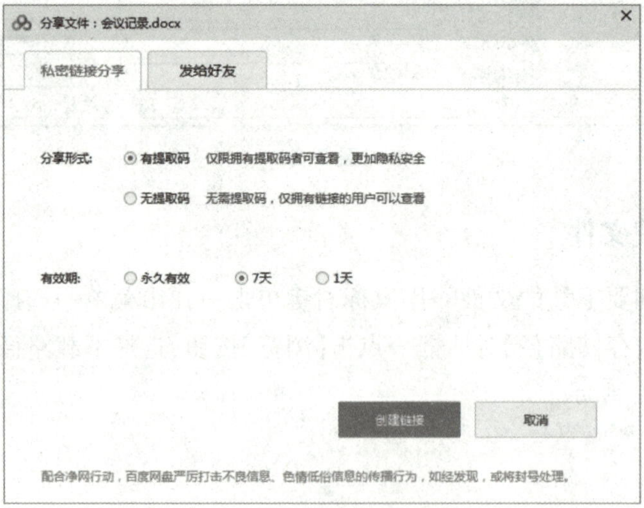

图 2–26

图 2–27

方法 2：选中要分享的文件→用鼠标右键单击→弹出菜单→选择【分享】命令→弹出【分享文件】对话框→选择【发给好友】→在左侧选择好友（可以多个）→输入验证码→点击【分享】按钮，如图 2–28 和图 2–29 所示。

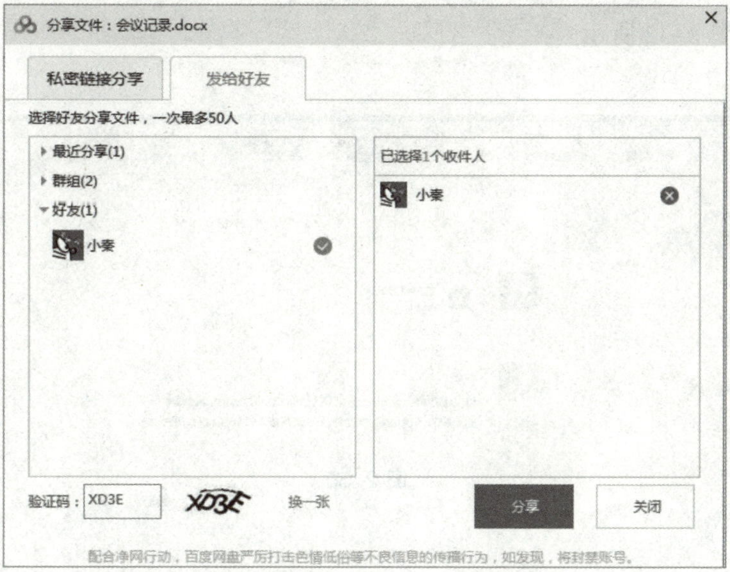

图 2–28

图 2-29

[小提示]

给百度网盘的好友分享文件前，要先通过百度网盘手机版互加好友，成为好友后，才能进行文件的分享。

（六）下载好友分享的文件

方法 1：打开百度网盘程序→点击【好友分享】→点击好友发来的链接→输入提取码→点击【提取文件】按钮→弹出页面→点击【保存到网盘】或【下载】按钮，如图 2-30 至图 2-32 所示。

图 2-30

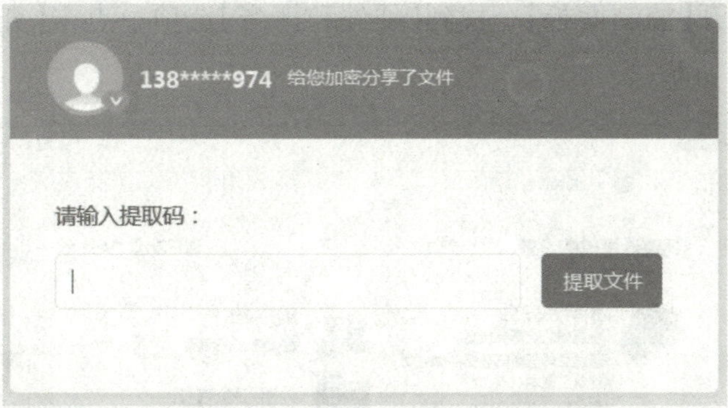

图 2–31

图 2–32

方法 2：打开百度网盘程序→点击【好友分享】→选中文件→单击右键，选择【下载】或【保存】命令，如图 2–33 所示。

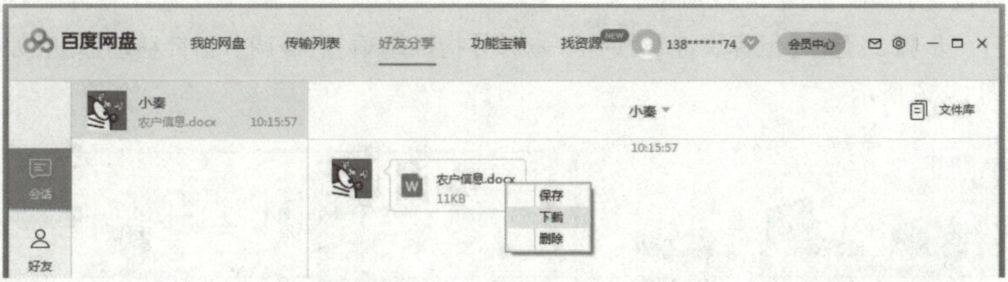

图 2–33

七、常见问题与解决办法

（一）鼠标指针移动速度的调节

在使用电脑的过程中，我们经常会需要调节鼠标指针的移动速度，来提高工作效率，方便办公。具体调节方法如下。

步骤 1:打开【控制面板】→找到【硬件和声音】选项→点击【查看设备和打印机】,如图 2–34 所示。

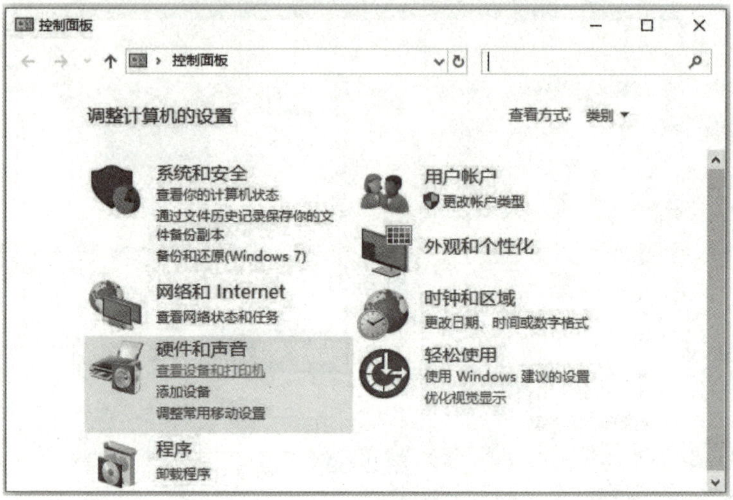

图 2–34

步骤 2:找到【设备】中的鼠标图案→单击鼠标右键→弹出快捷菜单→选择【鼠标设置】选项,如图 2–35 所示。

步骤 3:弹出【鼠标属性】对话框→选择【指针选项】栏→调节指针移动速度,如图 2–36 所示。

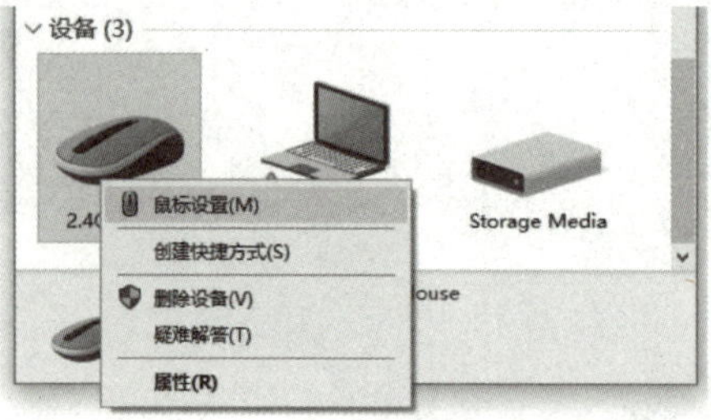

图 2–35

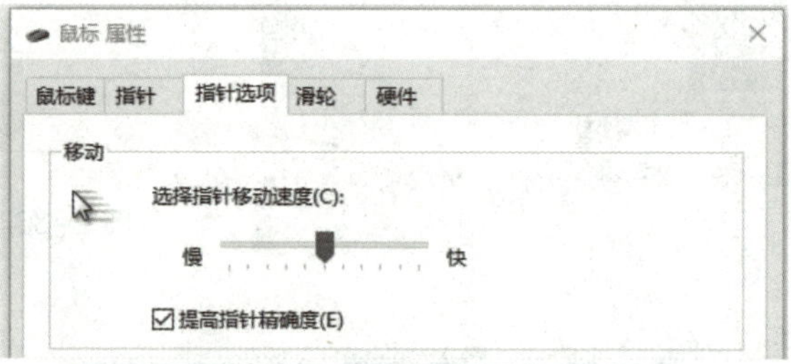

图 2–36

(二)电脑出现死机状况的原因及解决措施

主要原因:运行软件过多、存储空间不够、电脑散热不好、电脑中病毒。

解决方法:按住【Ctrl+Alt+Del】组合键→弹出【锁定、切换用户、注销、任务管理器】选项界面→选择【注销】或【启动任务管理器】选项。

按住【Ctrl】键，再点击电源按钮→开启【紧急重启】功能→系统重新启动。注意，紧急重启不会保存之前没有保存的工作，可能会造成数据丢失。

也可直接关闭电源。

预防措施：定期整理硬盘碎片；不要同时启动太多程序；安装实时监控的防病毒软件，查杀病毒；虚拟内存所在分区应该保留足够的空余空间。

（三）练习盲打的关键要点

练习盲打时，手指放在基本键位上后，最好用一张 A4 纸遮盖住双手，用手的触觉去寻找所有键的位置，严禁看键盘。敲击其他的任何键，手指都要从基本键位出发，击键后，立即回到基本键位上来。将视线集中在样稿上，打错了也不要低头寻找键位，这是盲打最初学习中至关重要的一个环节。

（四）如何通过重置修复 Windows 10 系统

只要不是 Windows 10 硬件的故障都能通过重置来修复，重置的效果与重装系统差不多，但是前者操作简单，对硬件损耗也小。系统修复前，一定要备份好电脑里的系统和文件数据，以防丢失。

步骤 1：打开 Windows 10 桌面的【开始】菜单→选择【设置】选项→点击【更新和安全】→点击【恢复】→点击【重置此电脑】的【开始】按钮，如图 2-37 和图 2-38 所示。

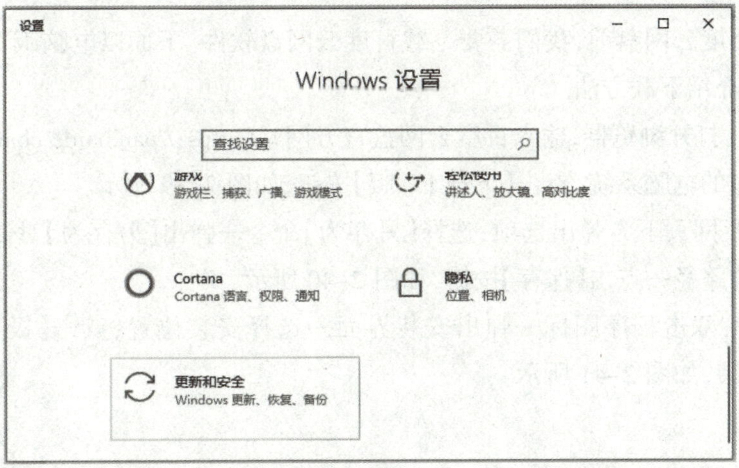

图 2-37

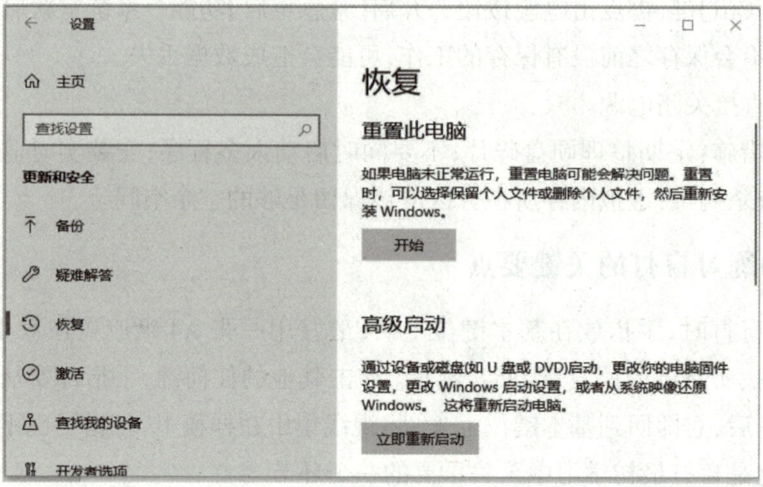

图 2-38

步骤 2:打开【开始】重置后,会有 3 个选项供选择,可根据需要选择重置方式:

●保留我的文件(清除 C 盘,其他盘文件不会被删)。

●删除所有内容(整个硬盘文件都会删掉,然后自动重装 Windows 10)。

●还原出厂设置(还原成重装前的系统,前提是没删掉旧系统)。

步骤 3:通过重置后再打开电脑,安装相关驱动,设置电脑系统。

(五)如何下载百度云网盘

使用百度云网盘前,我们需要下载百度云网盘软件。下面以电脑版百度云网盘为例,详细介绍下载方法。

步骤 1:打开浏览器,输入百度云网盘官方网站(https://pan.baidu.com/download)→选择对应的电脑系统,点击【下载 PC 版】按钮,如图 2-39 所示。

步骤 2:网页下方弹出选项,选择【另存为】命令→弹出【另存为】对话框→选择程序保存的路径→点击【保存】按钮,如图 2-40 所示。

步骤 3:双击程序图标→弹出安装界面→选择安装位置,点击【极速安装】按钮,进行安装,如图 2-41 所示。

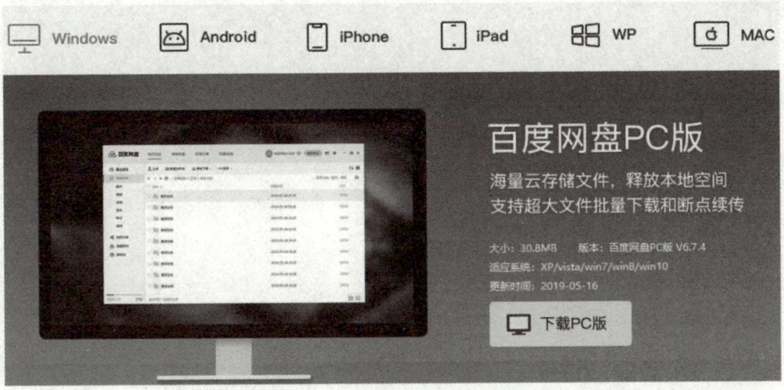

图 2-39

图 2-40

图 2-41

第三章

轻松学打字

使用电脑时，我们离不开用键盘打字，打字是使用电脑的最基本技能之一。打字速度也是评价电脑使用熟练程度的一个重要标准。本章将详细介绍输入法的有关知识，使读者挑选适合自己的输入法。掌握拼音输入法的使用技巧，能够熟练使用电脑进行汉字输入，提高打字效率。

一、输入法分类

输入法是指通过电脑键盘输入汉字的方式，是打字的关键，广泛应用于文档编辑、聊天以及撰写邮件等方面。中文输入法的编码种类繁多，归纳起来有拼音编码、形码、音形结合码三大类。常用的输入法主要包括两种：拼音输入法和五笔字型输入法。

（一）拼音输入法

拼音输入法是通过汉字读音输入汉字，只要会拼音就可以输入汉字，符合中国人的思维方式。随着科技不断发展，拼音输入法不断完善智能组词、兼容性等。常见的拼音输入法有搜狗拼音输入法、QQ 拼音输入法、微软拼音输入法等。拼音输入法比较适合普通办公人员使用。

[小提示]

拼音输入法简单易学，操作简便，不受汉字简化、字形改变的影响，会使用拼音就可打字。但缺点是，对于不认识的字无法输入，重码率高，输入速度慢，会受方言影响。

（二）五笔字型输入法

汉字是由许多相对独立的部分组成。例如，“李”是由“木”和“子”组成，“木”和“子”在编码中称为字根或子元。

五笔字型输入法是将字根或笔画规定为相对应的基本输入编码，再由这些编码组成汉字。常见的五笔字型输入法包括极点五笔输入法、王码五笔输入法。

[小提示]

五笔字型输入法重码率低，打字速度快，不认识的汉字也能输入，不受方言困扰。但是，使用者需要背字根，并经过长时间的练习才能熟练掌握。

二、管理输入法

(一)选择与切换输入法

▶▶▶选择输入法

在桌面最下面右侧通知区域，有输入法状态栏。默认情况下，以【英】图标显示，输入的是英文字符。单击【英】图标，转换为【中】图标，输入的是中文字符。点击默认的中文输入法图标，在弹出的输入法列表框中可以选择其他中文输入法，随后输入法状态条通常悬浮在通知区域上方或附在任务栏中，如图 3–1 所示。

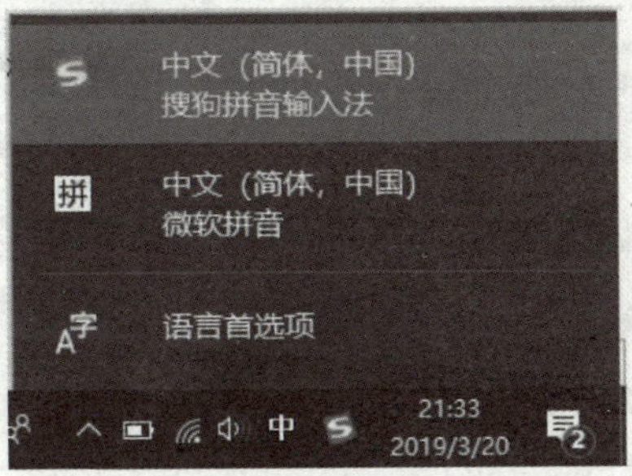

图 3–1

▶▶▶切换输入法

当系统装有多个输入法时，用户想要在输入法之间进行灵活切换，有两种方法。

方法 1：单击右侧通知区域的输入法图标，弹出输入法列表，单击要切换的输入法选项。

方法 2：按住【Ctrl+Shift】组合键，可以进行系统多个输入法的切换。

(二)添加与删除输入法

▶▶▶添加输入法

输入法安装后，会自动添加到输入法列表中。我们如果想添加已删除的输入法或者系统自带的其他输入法，就需要添加输入法。

步骤 1：单击右侧通知区域的输入法图标→弹出输入法列表→单击【语言首选项】按钮。

步骤 2：弹出设置对话框→点击左侧【语言】选项卡→单击【中文（中华人民共和国）】选项→单击【选项】按钮，如图 3–2 所示。

步骤 3：弹出【语言选项：中文（简体，中国）】对话框→单击【添加键盘】按钮→弹出可以添加的输入法列表→单击想要添加的输入法→输入法将自动显示在【键盘】列表中，如图 3–3 所示。

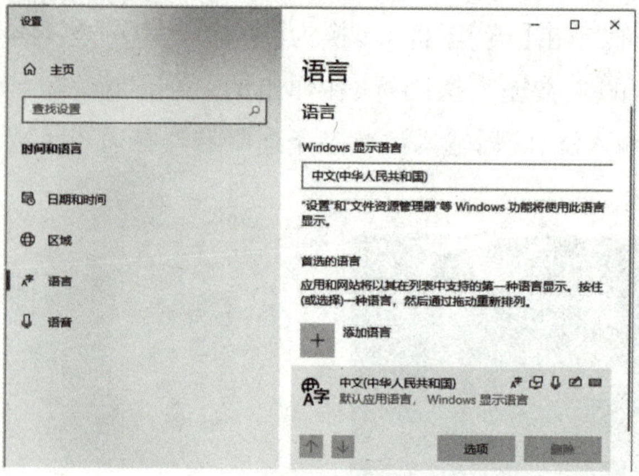

图 3–2

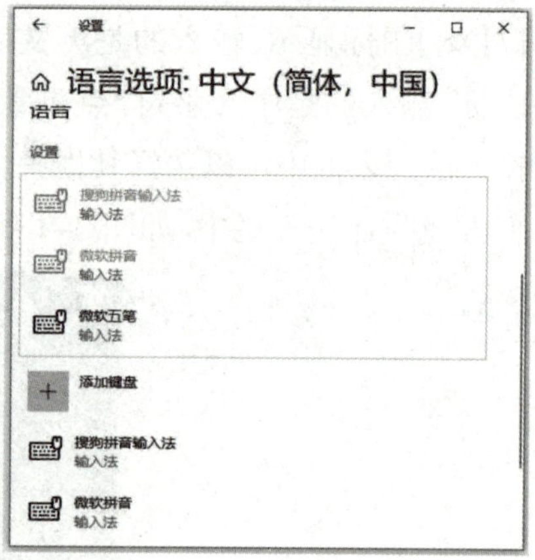

图 3–3

▶▶▶删除输入法

步骤 1：单击右侧通知区域的输入法图标→弹出输入法列表→单击【语言选项】按钮。

步骤 2：弹出设置对话框→点击左侧【语言】选项卡→单击【中文（中华人民共和国）】选项→单击【选项】按钮。

步骤 3：弹出【语言选项：中文（简体，中国）】对话框→在【添加键盘】按钮下方显示输入法列表→选中想要删除的输入法→单击【删除】按钮，如图 3–4 所示。

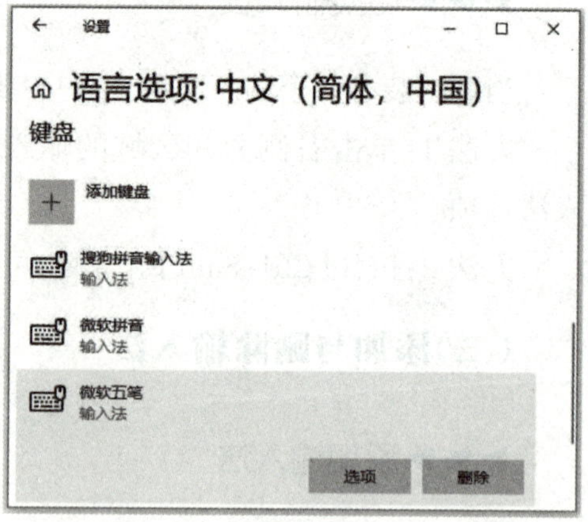

图 3–4

(三)安装第三方输入法

除了电脑系统自带的输入法之外,我们还可以安装其他输入法。下面以搜狗拼音输入法为例,介绍如何安装第三方输入法。

步骤 1:从正规网站或软件商店下载搜狗拼音输入法程序。

步骤 2:双击程序图标进行安装→弹出对话框,选择安装位置→单击【立即安装】按钮→等待程序安装。

步骤 3:安装成功→登录搜狗拼音输入法,或单击【跳过】按钮→取消勾选不需要的设置项→单击【完成】按钮。

三、拼音输入法的使用(以搜狗输入法为例)

与五笔输入法相比,拼音输入法简单易学,会拼音就可以立刻上手打字,不需要花费很长时间去学习,因而被广泛用于日常办公和生活中。作为拼音输入法之一,搜狗拼音输入法是一种基于语句的拼音输入法,它既支持全拼输入,也支持输入声母或声母的首字母来进行简拼输入,同时,它也支持简拼全拼的混合输入[6]。其词库的广度、词语的准确度,以及自动更新热门词库,都减少了用户自造词的工作量,大大提高了工作效率。下面以搜狗拼音输入法为例进行详细介绍,其他拼音输入法的使用方法与其类似。

(一)认识输入法状态栏

搜狗输入法状态栏包括许多功能,主要包括自定义状态栏、中英文按钮和表情按钮等,下面逐一进行介绍,状态栏如图 3-5 所示。

图 3-5

- 自定义状态栏 :设置状态栏显示的图片,以及状态栏的颜色,如图 3-6 所示。
- 中/英文按钮 中 :切换中文与英文。
- 中/英文标点按钮 °, :切换中文标点与英文标点。
- 表情按钮 :弹出表情窗口,输入表情包。

●语音按钮：弹出语音输入对话框，通过麦克风进行语音输入，如图 3-7 所示。

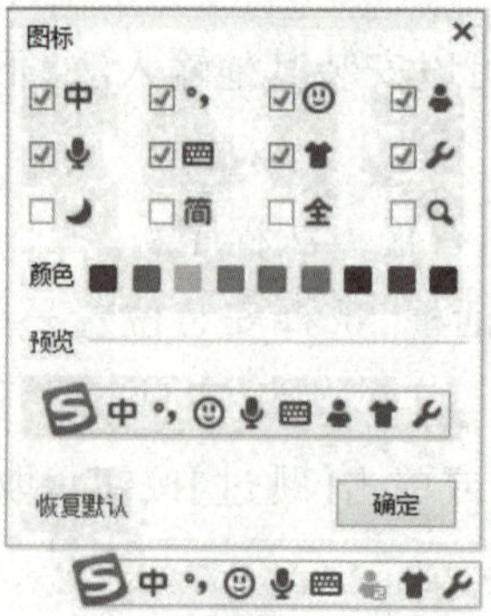

图 3-6

图 3-7

●输入方式：弹出输入方式对话框，包括语音输入、手写输入、特殊符号和软件盘，如图 3-8 所示。

●皮肤盒子：弹出皮肤盒子对话框，给输入法更换皮肤。

●工具箱：弹出工具箱对话框，显示所有特色功能，如图 3-9 所示。

图 3-8

图 3-9

（二）输入单个汉字

根据汉字的拼音，通过键盘依次敲击相应的字母，使用数字键选择对应的汉字。如果候选框内没有出现要选择的汉字，点击【<】或【>】进行向上或向下翻页，或者按下【Page Up】键或【Page Down】键进行向上或向下翻页。

例如，输入【品】字，键入【pin】，在候选框内看到【品】字前面的数字是 1，按下空格键或数字 1 即可，如图 3-10 所示。

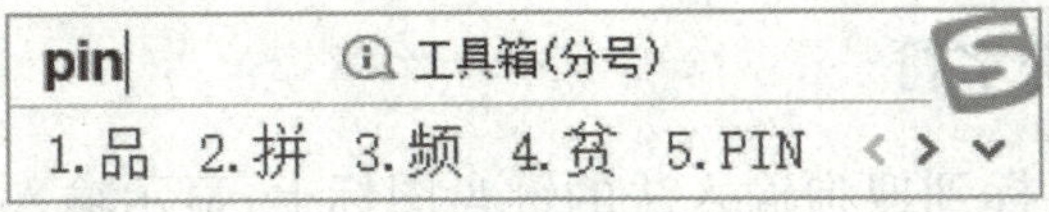

图 3–10

[小提示]

键盘上没有字母键 ü,如果要输入字母 ü,可用字母 v 代替。例如,要输入【驴】,键入【lv】即可。

(三)输入词语

搜狗拼音输入法支持全拼输入、简拼输入和混拼输入三种输入方式,以及模糊音输入、拆分输入、特殊字符输入等强大功能,大大提高了文字的输入速度。

●全拼输入:依次键入词语的全部拼音。例如,输入【朋友】,键入【pengyou】,在候选框中看到【朋友】的编号为 1,按下数字键【1】或按下空格键即可,如图 3–11 所示。

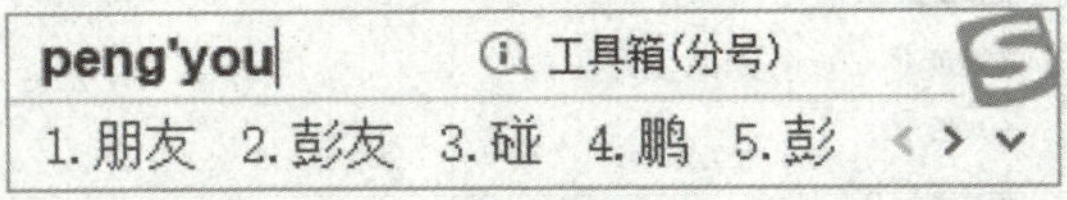

图 3–11

●简拼输入:依次输入声母或声母的首字母。例如,键入【学习】,键入【xx】,候选框中可以看到【学习】编号为 1,按下数字键【1】或按下空格键即可,如图 3–12 所示。

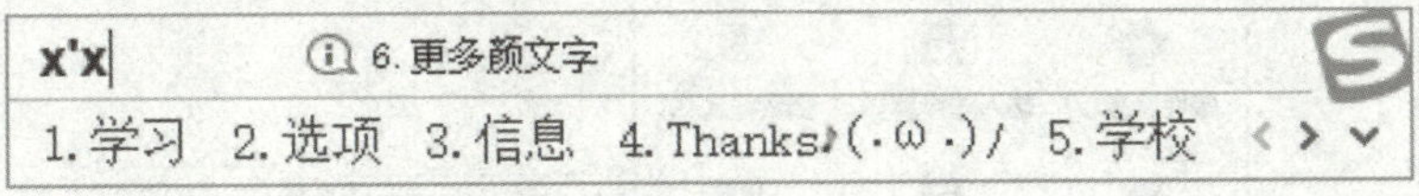

图 3–12

●混拼输入:是全拼和简拼的混合使用,输入文字时,部分字用全拼,部分字用简拼。例如,键入【中国】,可以键入【zhongg】或【zhguo】,如图 3–13 所示。

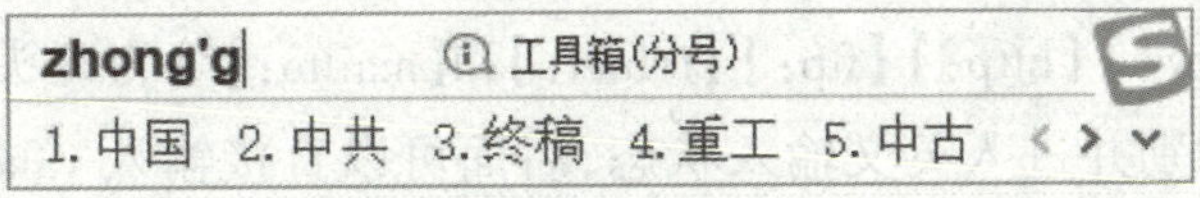

图 3–13

(四)输入特殊字符

方法 1:移动鼠标到搜狗输入法的键盘图标上,显示输入方式,选择软键盘,输入特殊符号,如图 3-14 所示。

图 3-14

方法 2:在搜狗输入法图标上右击,选择【表情 & 符号】→符号大全,在弹出的列表框左侧选择符号类型,单击需要输入的符号即可,如图 3-15 所示。

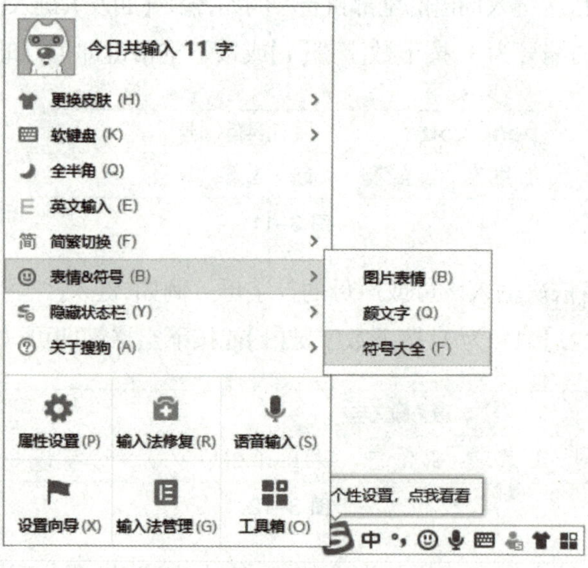

图 3-15

(五)输入网址

●输入以【www】【http:】【ftp:】【telnet:】和【mailto:】等为开头的字符时,搜狗输入法会自动识别并进入英文输入状态,后面可以直接输入 yahoo.com.cn等类似网址。

●输入邮箱地址时，可以输入前缀不含数字的邮箱，例如 liming@sina.com。

（六）输入人名

通过人名输入模式，可以实现快速输入人名。例如，键入【zhoujielun】，候选框会出现多个人名，且第一个人名为红色。按【分号+R】进入人名模式，可显示多个人名；再次按【分号+R】退出人名模式，如图 3–16 所示。

图 3–16

四、常见问题与解决办法

（一）如何切换出搜狗输入法

按【Ctrl+Shift】组合键切换输入法，直到按出搜狗拼音输入法出来即可。当系统只有一个输入法或者搜狗输入法为默认输入法时，按【Ctrl+空格键】即可切换出搜狗输入法。

（二）如何进行拼音输入法的中英文转换

有以下 3 种方法：

●按【Shift】键切换到英文输入状态，再按一下【Shift】键返回中文输入状态。

●用鼠标点击状态栏上面的【中】图标，变成英文状态；再按一下【英】图标，变成中文状态，如图 3–17 所示。

●直接输入英文字符，然后按【Enter】键。例如，要输入英文【book】，直接键入【book】→按下【Enter】键即可，如图 3–18 所示。

图 3–17

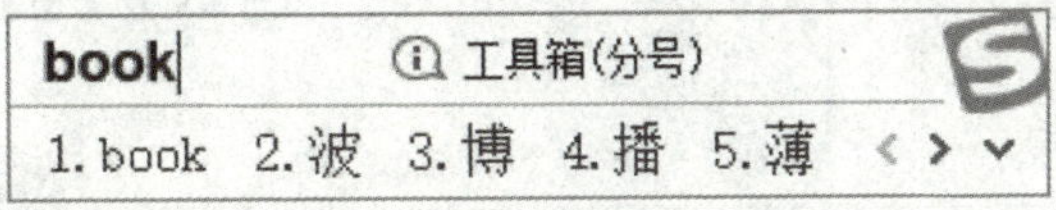

图 3–18

（三）如何修改搜狗输入法的外观

打开搜狗拼音输入法→右击搜狗输入法状态栏→弹出菜单→选择【属性设置】→弹出【属性设置】对话框→选择【外观】选项→设置具体选项参数，如图 3-19 和图 3-20 所示。

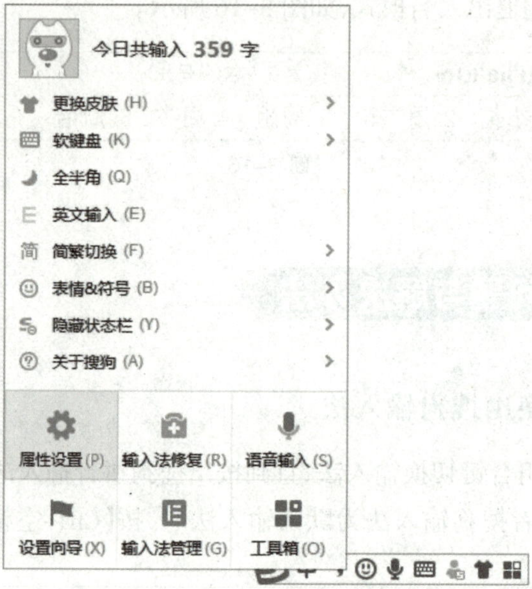

图 3-19

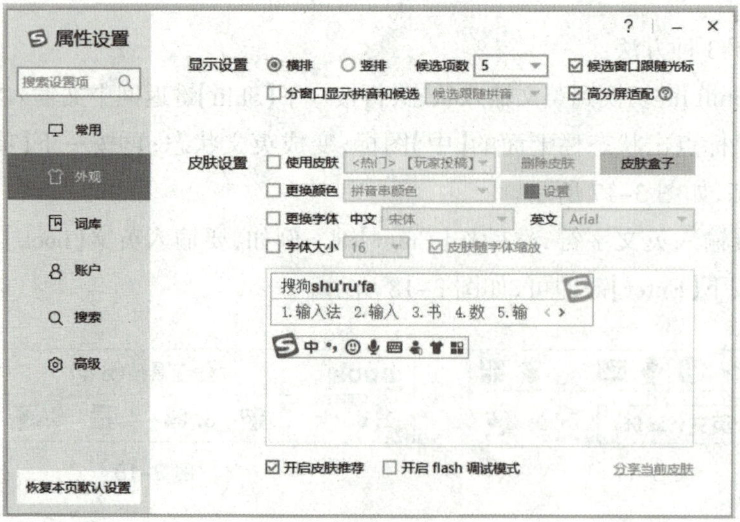

图 3-20

（四）如何快速输入特殊符号

下面以搜狗拼音输入法为例，介绍如何输入特殊符号【☑】。

步骤：在搜狗拼音输入法状态条中，单击【输入方式】按钮⌨→弹出对话框→单击【特殊符号】按钮→打开【符号大全】窗口→选择符号【☑】，如图 3-21 和图 3-22 所示。

图 3-21

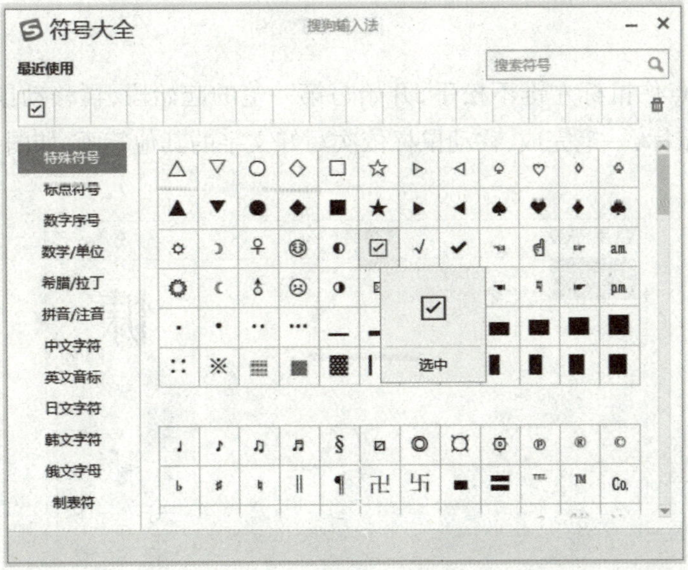

图 3-22

（五）搜狗输入法中，手写输入文字和语音转换文字怎么使用

搜狗拼音输入法提供了文字手写输入法和语音转换法，下面重点介绍一下具体使用方法。

▶▶▶手写输入

对于一些汉字笔画较多，无法读取或者拼音掌握不熟练的人来说，手写输入功能是非常实用的。打开手写输入后，使用鼠标就能写字，还有正确的拼音标注。

步骤 1：打开 Word 文档→将光标移到需要输入文字的地方。

步骤 2：在搜狗拼音输入法状态条中，单击【输入方式】按钮⌨→弹出对话框→单击【手写输入】按钮，如图 3-23 所示。

图 3-23

步骤 3：点住鼠标左键不松手，开始写第一笔的起始段，再移动鼠标到第一笔的末端松开鼠标，一笔完成，移动鼠标依次写好文字的其他笔画，如图 3-24 所示。

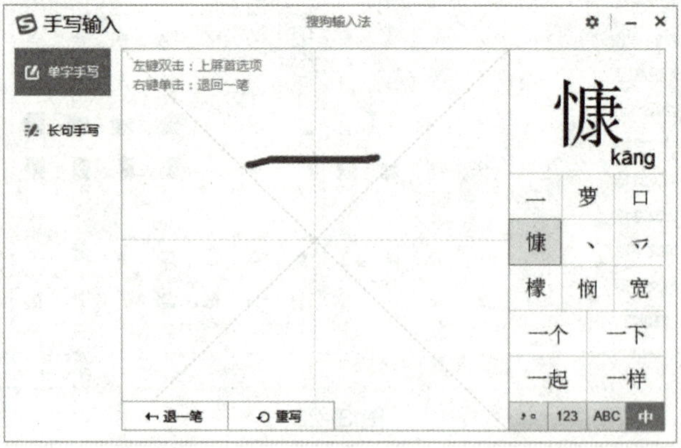

图 3-24

步骤 4：写完字后，右侧显示相关文字和拼音→点击正确的文字，文字就会显示。如果写错了，点击左下方的【退一笔】或【重写】按钮即可，如图 3–25 所示。

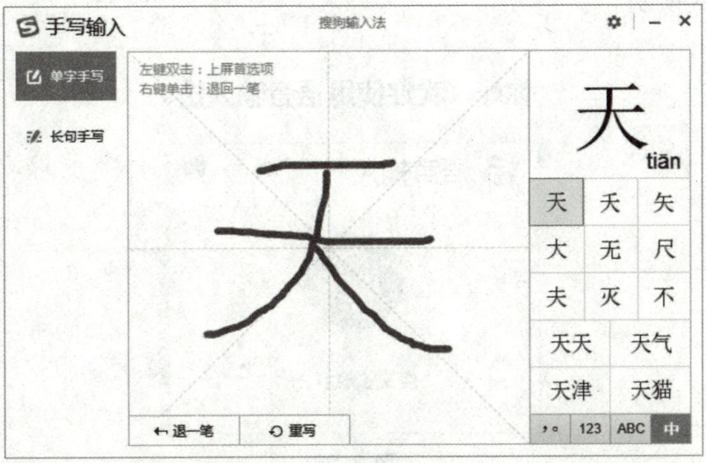

图 3–25

▶▶▶语音转换

对于打字速度慢的人来说，还可以选择语音输入文字。只要对着麦克风说话，即可把刚说的话转化成文字显示出来。该功能操作简单，高效快捷，识别率高，广泛应用于我们的工作和生活中。

步骤 1：使用语音转换前，首先检查麦克风是否连接正常，电脑设置是否正常。

步骤 2：打开 Word 文档→将光标移到需要输入文字的地方。

步骤 3：在搜狗拼音输入法状态条中，单击【输入方式】按钮→弹出对话框→单击【语音输入】按钮→弹出【语音输入】对话框，即可输入语音，如图 3–26 和图 3–27 所示。

图 3–26

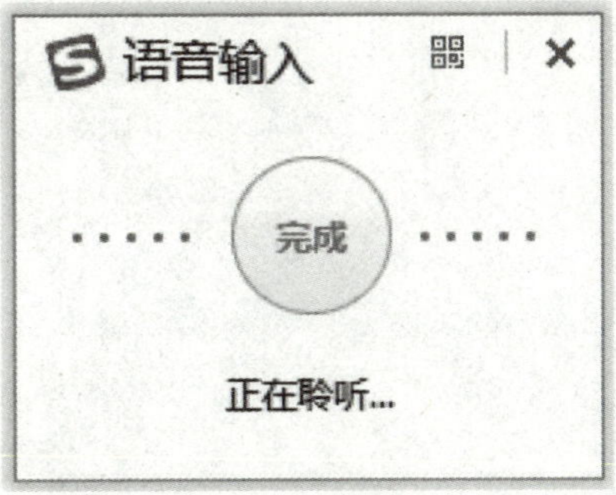

图 3–27

步骤 4:语音输入完成后,点击【语音输入】对话框中的【完成】按钮→文字自动显示在文档中。如果想继续录音,再次点击【语音输入】对话框的【录音按钮】即可,如图 3-28 所示。

图 3-28

第四章

Word 2019 文档编辑

Word 2019 是微软公司的一个文字处理程序。作为 Microsoft Office 套件的核心程序,Word 提供了许多易于使用的文档创建工具，帮助用户创建专业而美观的文档,节省用户工作时间。本章将介绍 Word 2019 的基本操作方法、文档编辑等方面知识,帮助读者熟练掌握 Word 2019 的使用方法,解决日常工作中的问题。

一、基本操作

Microsoft Office Word 2019(以下简称 Word)是一款专业的文字处理程序,主要用于文档的编辑、修改、打印等操作。作为 Microsoft Office 中最常用的组件之一,Word 拥有许多强大的功能。Word 文档具有界面简单明了、易掌握、操作方便等特点,深受广大办公人员的喜爱[7]。用户可以使用它创建各种各样的文档,它已经成为日常办公和生活不可或缺的工具,熟练掌握是非常必要的。

(一)认识操作界面

Word 2019 操作界面主要由 5 个部分组成,包括标题栏、功能区、导航窗口、文档编辑区、状态栏,如图 4-1 所示。

▶▶▶标题栏

标题栏位于窗口最上方,从左到右是快速访问工具栏、正在操作的文档名称、程序名称、功能区显示选项按钮和窗口控制按钮。

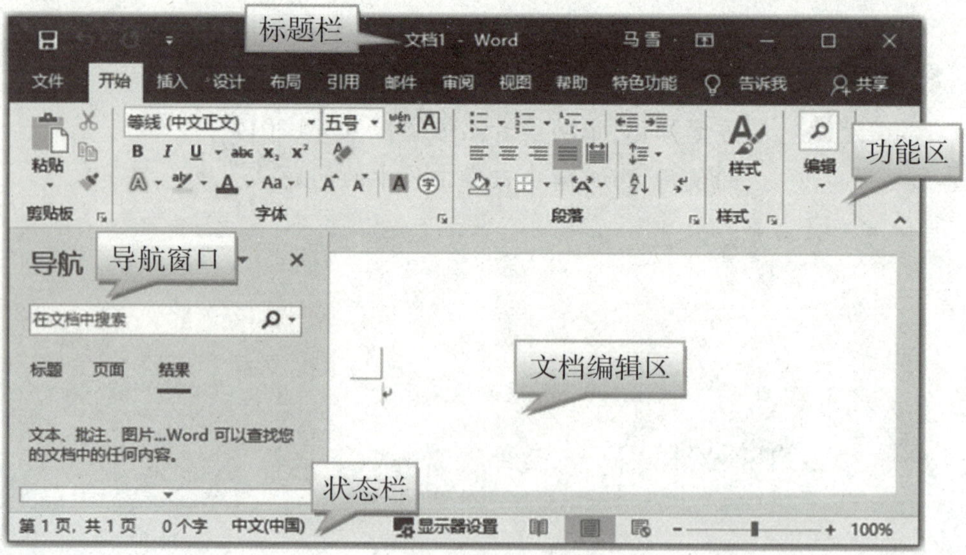

图 4-1

●快速访问工具栏：用于显示常用的工具按钮，默认情况下，显示的是保存、撤销、恢复 3 个按钮，单击这些按钮可以执行相应操作。

●功能区显示选项按钮：单击该按钮，弹出下拉菜单，具有执行隐藏功能区、显示选项卡、显示选项卡和命令等操作。

●窗口控制按钮：从左到右依次为最小化、最大化（或向下还原按钮）和关闭按钮，单击可执行相应操作。

[小提示]

用鼠标右击自己常用的选项卡，选择【添加到快速访问工具栏】命令，该功能出现在【快速访问工具栏】中；选择【在功能区下方显示快速访问工具栏】命令，该功能显示在功能区下方。

▶▶▶功能区

功能区位于标题栏下方，默认情况下，包含【文件】【开始】【插入】【设计】【布局】【引用】【邮件】【审阅】【视图】【帮助】和【特色功能】共计 11 个选项卡，单击某个选项卡可以展开，如图 4-2 所示。

每个选项卡由多个组构成，例如【布局】选项卡由【页面设置】【段落】【排列】3个构成。有些组的右下角有【功能扩展】按钮，鼠标指向该按钮即可预览对话框或窗格，单击按钮即可弹出对应的对话框或窗格。

选中文档中有图片、艺术字等对象时，功能区会显示与所选对象设置相关的选项卡。例如，选中图片，功能区则显示【图片工具/格式】选项卡。

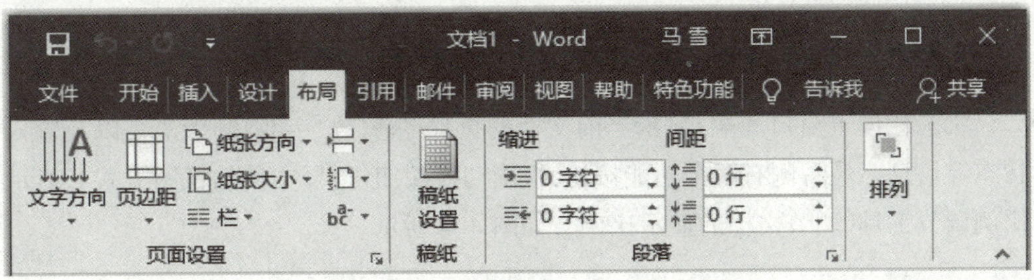

图 4-2

[小提示]

【告诉我】告诉我按钮：单击并输入关键字进行搜索，可以获得帮助，快速打开有关操作界面。

▶▶▶导航窗口

导航窗口位于功能区下方、文档编辑区的左侧。打开 Word 界面，默认显示导航窗口，如图 4–3 所示。

在导航窗口输入内容，系统会自动搜索该内容。如果文档包含多级标题格式，通过导航窗口可以直接拖动文档标题，重新组织内容。如果导航窗口关闭，重新开启方法是：按住【Ctrl+F】组合键。

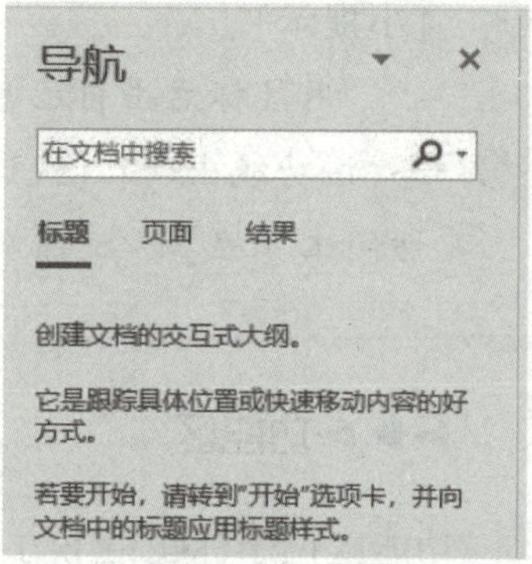

图 4–3

▶▶▶文档编辑区

文档编辑区位于窗口中央的白色区域，具有输入文字、编辑文档、处理图片等功能，在该区域用户可以看到文档里的内容。

若文档内容超出窗口的显示范围，最右侧会出现垂直滚动条或最下方会出现水平滚动条，鼠标拖动滚动条中的滚动块（或单击滚动条两端的小三角按钮），编辑区的内容会随着向上（下）或左（右）移动，用户可以查看全部内容。

如果再次打开 Word 文档，滚动条上显示自动创建的标签，用鼠标指向标签，将提示上一次工作或浏览的页面位置，单击后可以迅速定位到该处。

▶▶▶状态栏

状态栏位于窗口底端，显示当前文档的页数/总页数、字数、输入语言以及输入状态等信息。最右侧有两个功能按钮：视图切换按钮（选择文档的视图方式）、显示比例调节工具（调节文档的显示比例），如图 4–4 所示。

图 4–4

(二)新建空白 Word 文档

新建一个文档是输入文本和执行编辑操作的前提，新建文档首先需要打开 Word 程序，方法共有 4 种。

方法 1：点击桌面左下角的【开始】按钮→弹出【开始】菜单→点击【Word】程序→单击【空白文档】→创建空白文档，如图 4–5 所示。

方法 2：启动 Word 程序→切换【文件】选项卡→单击左侧窗格【新建】命令→点击右侧窗格【空白文档】选项→创建空白文档，如图 4–6 所示。

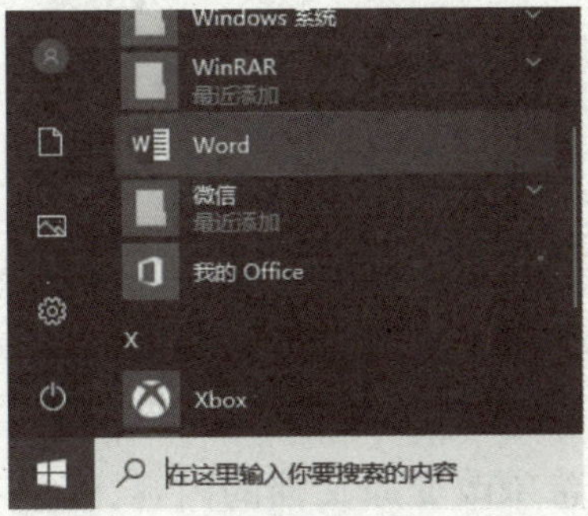

图 4–5

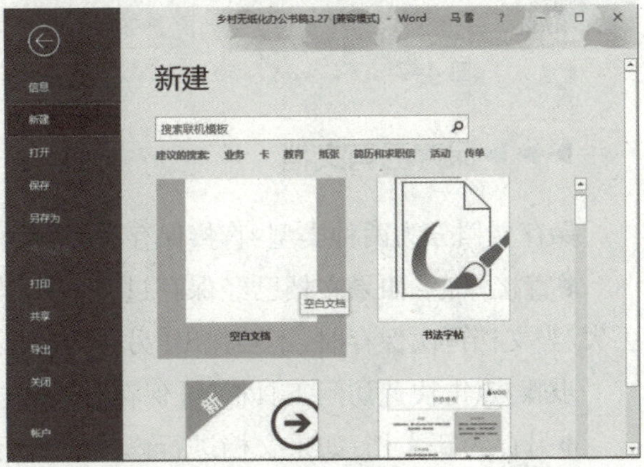

图 4–6

方法 3：鼠标右击桌面空白处→弹出快捷菜单→单击【新建】→单击【Microsoft Word 文档】命令→创建空白文档。

方法 4：启动 Word 程序→按住【Ctrl+N】组合键→创建空白文档。

(三)保存文档

▶▶▶保存新建文档

新建文档后，我们需要及时将文档内容保存，方便以后使用。具体操作方法如下。

步骤 1：点击快速访问工具栏的【保存】按钮或切换到【文件】选项卡，单击左侧窗格【保存】选项→切换到【另存为】选项→点击【这台电脑】按钮，如图 4–7 所示。

步骤 2：弹出【另存为】对话框→选择文档保存位置、输入文件名、保存类型→点击【保存】按钮即可，如图 4–8 所示。

图 4–7

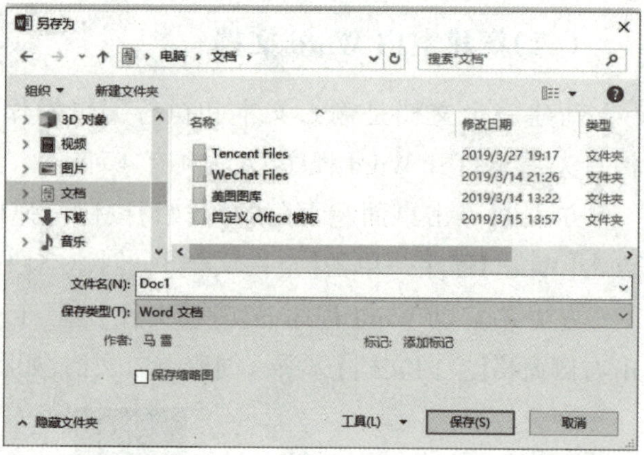

图 4–8

▶▶▶保存已有文档

保存文档分为两种类型:直接保存和另存为新文档。

●直接保存:如果文档已经保存过,经过编辑加工后也要随时保存,以防信息丢失。当文档再次保存时,不会弹出【另存为】对话框,而是直接覆盖原文档。

步骤:点击快速访问工具栏的【保存】按钮或按【Ctrl+S】组合键即可。

●另存为新文档:如果文档进行修改编辑后,不希望改变原文档的内容,可以选择将修改后的文档另存,操作方法与保存新文档程序相似。

步骤:切换到【文件】选项卡→单击左侧窗格【保存】选项→切换到【另存为】选项→点击【浏览】按钮→弹出【另存为】对话框→选择文档保存位置、输入文件名、保存类型→点击【保存】按钮。

> [小提示]
>
> 对已有文档进行另存时,注意在选择文档保存位置、输入文件名、保存类型等方面,要与原文档有所区别,否则原文档会被新文档替换覆盖。

(四)打开和关闭文档

要对文档进行编辑等操作时,首先要打开文档,编辑后再关闭文档。下面具体介绍打开和关闭文档的操作。

▶▶▶打开文档

步骤 1:切换到【文件】选项卡→点击左侧窗格【打开】选项→单击【浏览】选项，如图 4–9 所示。

步骤 2:弹出【打开】对话框→选择文档保存的位置,选中文档→单击【打开】按钮，如图 4–10 所示。

图 4–9

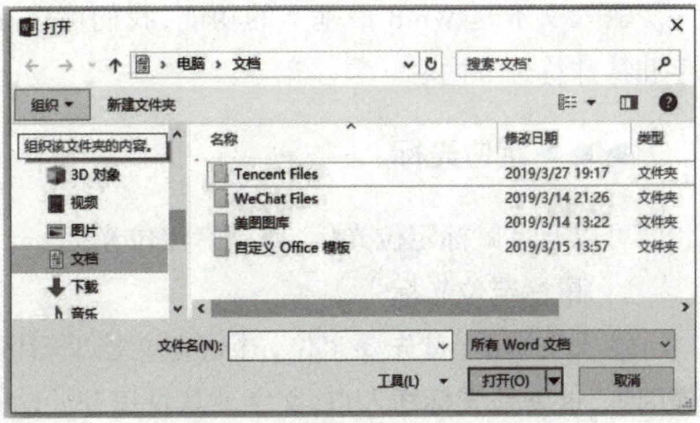

图 4–10

［小提示］

按住【Ctrl+O】或【Ctrl+F12】组合键，自动切换到【文件】选项卡，默认选择【打开】选项。

▶▶▶关闭文档

完成文档的相关操作后，就需要关闭文档。关闭文档有 4 种方法。

方法 1:单击文档右上角的【关闭】按钮☒。

方法 2:按住【Ctrl+F4】或【Alt+F4】组合键。

方法 3:切换到【文件】选项卡→单击左侧窗格的【关闭】命令。

方法 4:鼠标右击文档标题栏→弹出快捷菜单→选择【关闭】命令。

二、编辑文档

新建文档后，我们可以进行文本的输入、删除、复制、粘贴、设置段落格式、字体样式等操作，使文档更加美观。

（一）输入文本

输入文本是 Word 最基本的功能，我们可以在文档中输入汉字、英文符号、数字和特殊符号等内容。

▶▶▶定位光标

可以通过鼠标定位光标，或键盘定位光标。

（1）鼠标定位光标

输入文本前，首先要定位光标。在文档编辑区，鼠标指针变成【I】形状，并且不停闪烁，这就是光标插入点，文字就从这里开始输入。空白文档，光标插入点在文档开始处；有内容文档，单击鼠标左键，就可定位光标位置。

输入文本时，光标插入点自动向右移动；一行输入完毕，光标插入点自动转入下一行；若一行未输满，并想另起一行输入，按【Enter】回车键换行即可。

（2）键盘定位光标

方法 1：按【↑、↓、←、→】键，光标插入点向相应方向移动。

方法 2：按【Ctrl+Home】组合键，光标插入点移至文档开头；按【Ctrl+End】组合键，光标插入点移至文档末尾。

方法 3：按【End】键，光标插入点向右移至当前行行末；按【Home】键，光标插入点向左移动移至当前行行首。

方法 4：按【Page Up】键，光标插入点向上移动一页；按【Page Down】键，光标插入点向下移动一页。

▶▶▶输入文本内容

步骤：启动 Word 程序→定位光标→切换输入法（搜狗拼音输入法）→输入文本等内容。

[小提示]

在 Word 文档输入文字时,如果光标插入点后的原有文字被删除,这时按一下【Insert】键,将【改写】模式变为【插入】模式,再输入文字时原有文字就不会被删除了。

▶▶▶输入符号

对于键盘上已有的标点符号,例如【,】【。】【?】等,可通过键盘直接输入。

对于键盘上没有的特殊符号,例如【※】【□】【#】等,可通过 Word 程序的【插入】功能或者软键盘功能来实现。

下面以插入【🔔】为例,介绍利用插入功能输入特殊符号的方法。

步骤 1:定位光标插入点到需要插入的位置→切换到【插入】选项卡→点击【符号】按钮→弹出下拉列表框→点击【其他符号】按钮,如图 4-11 所示。

步骤 2:弹出【符号】对话框→【字体】中选择【Wingdings】选项→在下面的符号列表中选择【🔔】符号→点击【插入】按钮,如图 4-12 所示。

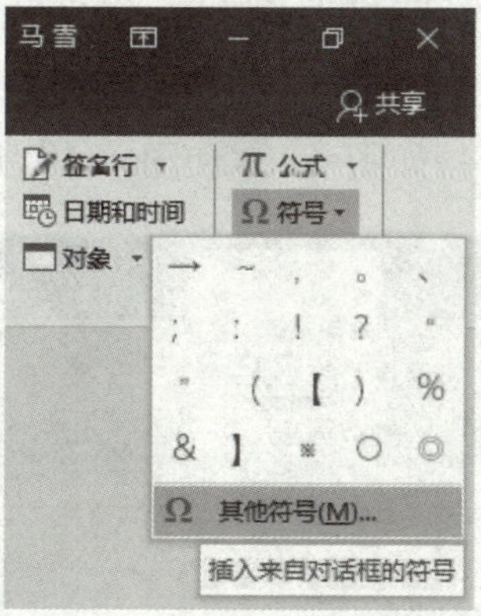

图 4-11

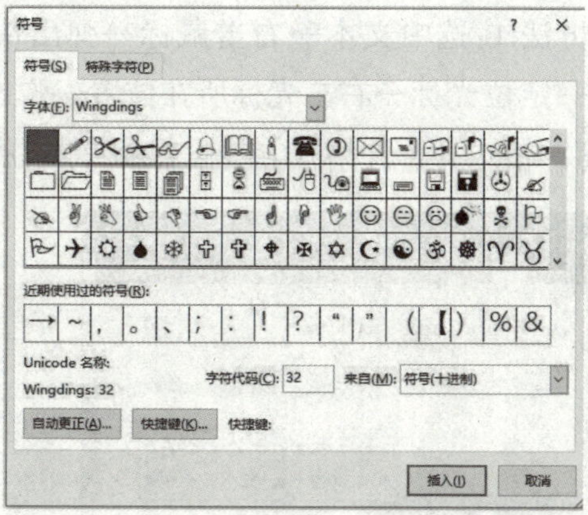

图 4-12

（二）复制与删除文本

▶▶▶选择文本

对文档内容进行编辑前，首先要选中文本。下面是几种常见的文本选中类型。

●选中任意文本：将光标定位在文字的左侧（或右侧）→单击并拖动光标至文字的右侧（或左侧）→释放鼠标左键。

●选中分散文本：选中文本，按住【Ctrl】键的同时，再选定其他不连续的文本。

●选中一行文本：移动鼠标指针到文本左侧空白处→待鼠标指针变成向右箭头形状→单击即可。

●选中全部文本：移动鼠标指针到文本左侧空白处→待鼠标指针变成向右箭头形状→连续单击 3 次。

●选择垂直文本：将光标定位在任意位置→按住【Alt】键的同时，拖动鼠标指针到目标位置。

▶▶▶复制文本

复制文本是将文档的内容通过复制、粘贴操作放到其他位置，主要有以下 3种方法。

方法 1：选中文本→右击鼠标→弹出快捷菜单→选择【复制】命令→定位光标→右击光标所在位置→弹出快捷菜单→单击【粘贴】按钮→选择【保留源格式】【合并格式】或【只保留文本】的其中之一，如图 4-13 和图 4-14 所示。

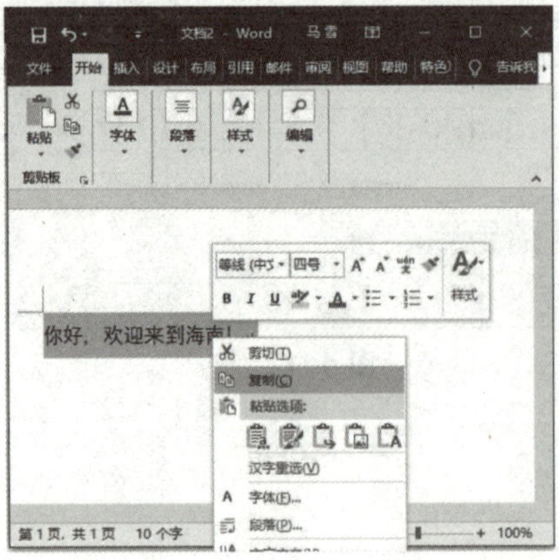

图 4-13

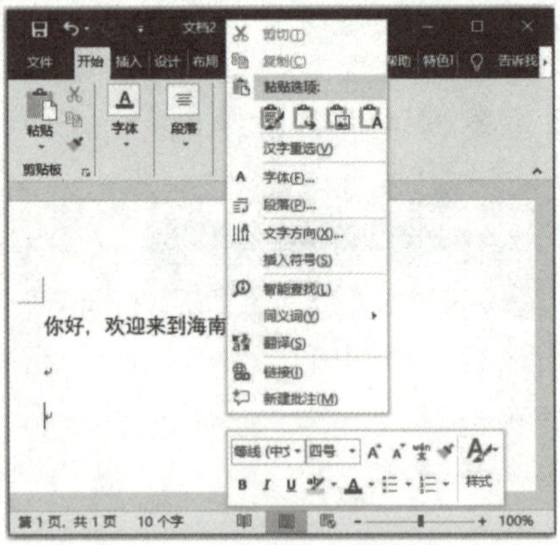

图 4-14

方法 2：选中文本→按住【Ctrl+C】组合键→定位光标→按住【Ctrl+V】组合键。

方法 3：选中文本→切换到【开始】选项卡→选择【剪贴板】→单击【复制】按钮→定位光标→单击【剪贴板】→单击【粘贴】按钮。

▶▶▶移动文本

移动文本是将文档的部分内容通过剪切、粘贴操作移动到文档其他位置。主要有以下 4 种方法。

方法 1：选中文本→按住鼠标左键不放，并拖动至目标位置→松开鼠标左键。

方法 2：选中文本→右击鼠标→弹出快捷菜单→选择【剪切】命令→定位光标→右击光标所在位置→弹出快捷菜单→单击【粘贴】按钮→选择【保留源格式】【合并格式】或【只保留文本】的其中之一。

方法 3：选中文本→按住【Ctrl+X】组合键→定位光标→按住【Ctrl+V】组合键。

方法 4：选中文本→切换到【开始】选项卡→选择【剪贴板】→单击【剪贴】按钮→定位光标→单击【剪贴板】→单击【粘贴】按钮，如图 4–15 和图 4–16 所示。

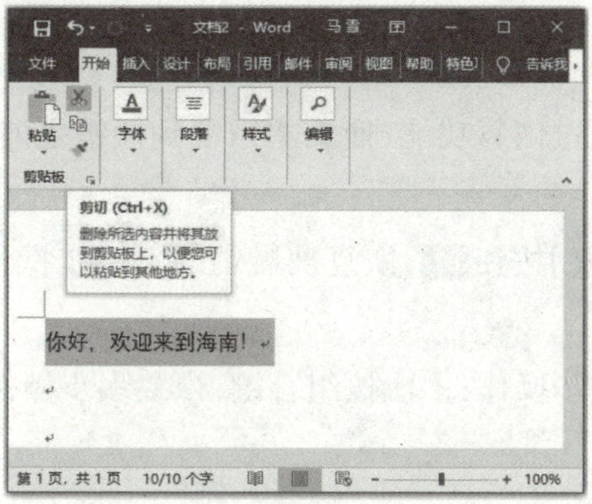

图 4–15

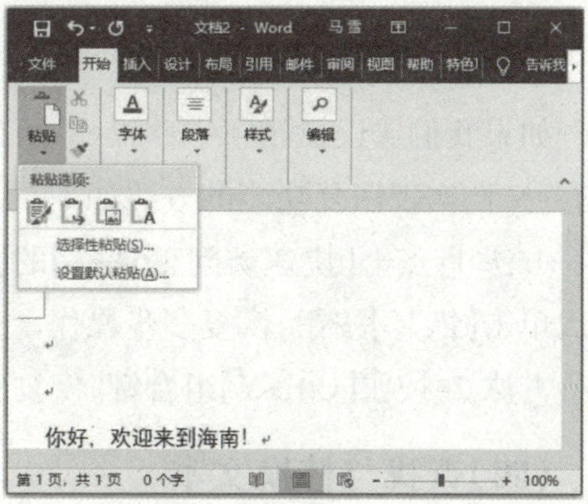

图 4–16

▶▶▶删除文本

我们在进行文档编辑时，如果不小心输入了错误的文字、字符等内容时，需要及时删除从而保证输入内容的正确。删除文本有以下 4 种方法。

方法 1：选中文本→按【Backspace】键，删除光标插入点前一个字符。

方法 2：选中文本→按【Delete】键，删除光标插入点后一个字符。

方法 3：选中文本→按【Ctrl+Backspace】组合键，删除光标插入点前一个单词或短语。

方法 4：选中文本→按【Ctrl+Delete】组合键，删除光标插入点后一个单词或短语。

（三）撤销与恢复文本

▶▶▶撤销

Word 程序能够自动记录操作行为，如果我们执行了错误的操作，通过撤销功能，可以使文本快速恢复到之前的状态。文档进行撤销操作有以下 3 种方法。

方法 1：点击【快速访问工具栏】的【撤销】按钮，撤销上一步操作；多次点击【撤销】按钮，撤销多步操作。

方法 2：按住【Ctrl+Z】组合键，撤销上一步操作；多次按组合键，撤销多步操作。

方法 3：点击【撤销】按钮右侧的下拉按钮→弹出下拉列表→可以选择撤销到某一指定操作。

▶▶▶恢复

如果我们错误撤销了一些操作，可以通过恢复功能，使文本恢复到撤销之前的状态。文档实现恢复功能的方法如下。

方法 1：点击【快速访问工具栏】的【恢复】按钮，恢复被撤销的上一步操作；多次单击【恢复】按钮，恢复多步操作。

方法 2：按住【Ctrl+Y】组合键，恢复上一步操作；多次按组合键，恢复多步操作。

（四）查找与替换文本

▶▶▶查找文本

通过 Word 的查找功能，能够找到文本在文档中出现的位置，或对特定对象进行修改。使用查找功能，方法有以下两种。

方法 1：切换到【开始】选项卡→点击【编辑】组中的【查找】命令→弹出【导航】窗格→输入查找的内容→文档突出显示要查找的全部内容，如图 4-17 和图 4-18 所示。

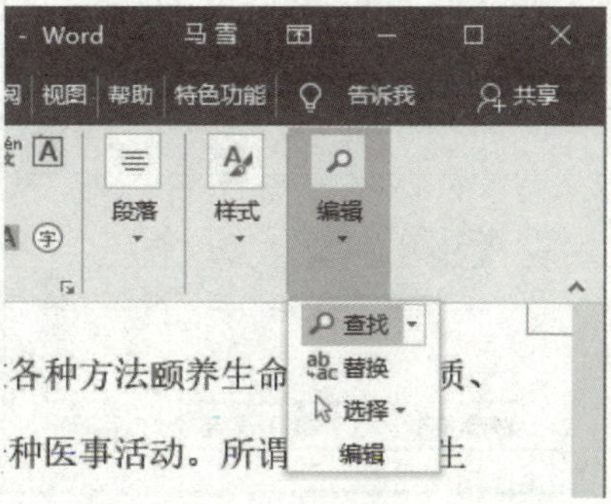

图 4–17

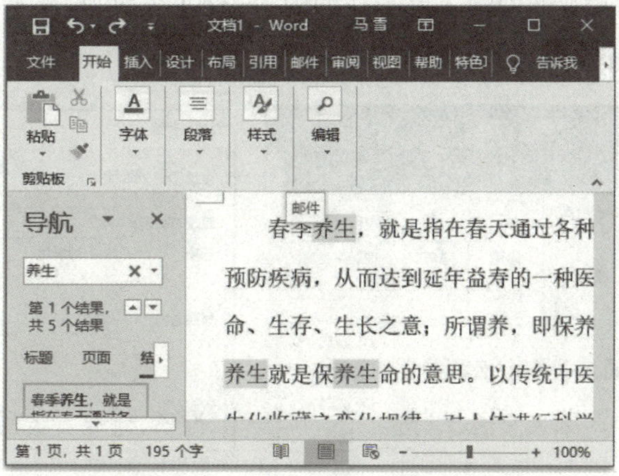

图 4–18

方法 2：切换到【开始】选项卡→点击【编辑】组中的【查找】下拉按钮→选择【高级查找】命令→弹出【查找和替换】对话框→输入要查找的内容→点击【查找下一处】按钮→程序从头开始查找，找到第一个目标文本时，停留在该处并将其显示为选中状态；如果想继续查找，点击【查找下一处】按钮，如图 4–19 和图 4–20 所示。

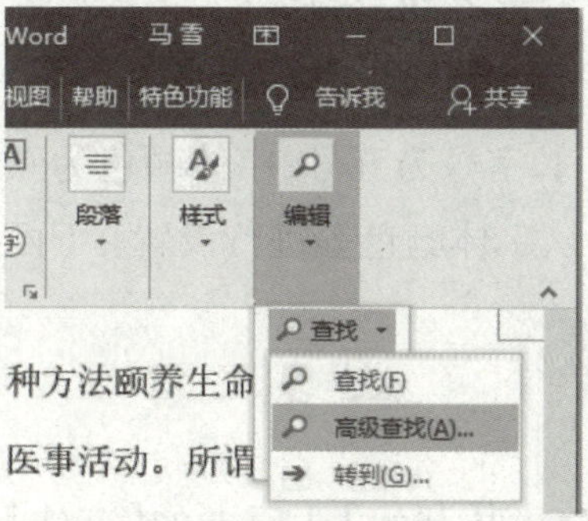

图 4–19

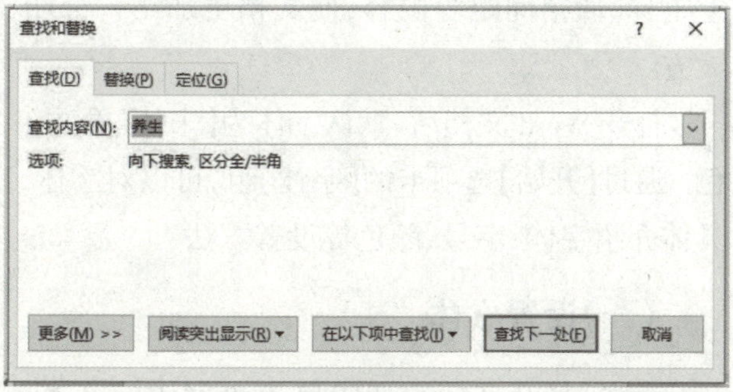

图 4–20

▶▶▶替换文本

通过【替换】功能，可以实现文档多处相同文本的统一替换。具体操作方法如下。

步骤 1：光标定位在文档起始处→切换到【开始】选项卡→单击【编辑】组的下拉按钮→单击【替换】选项，如图 4–21 所示。

步骤 2：弹出【查找和替换】对话框，自动定位在【替换】选项卡→在【查找内容】

文本框中输入要查找的内容→在【替换为】文本框输入想要被替换后的内容→单击【全部替换】按钮，如图 4-22 所示。

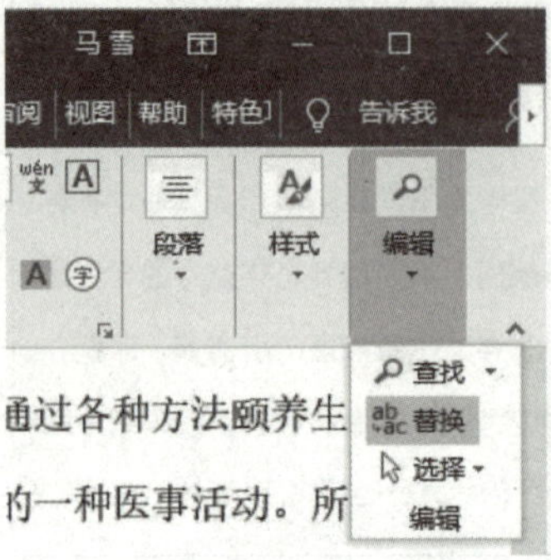

图 4-21

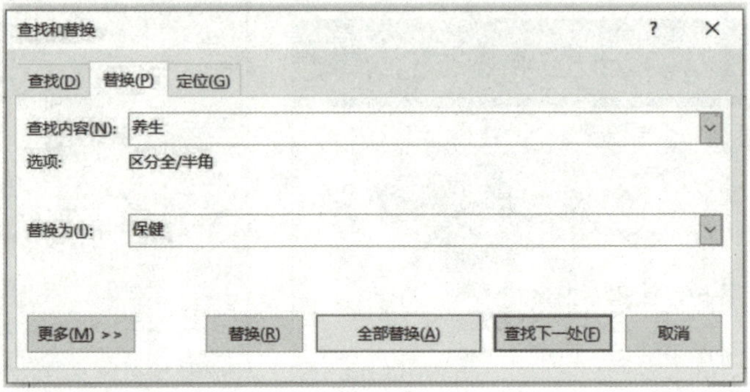

图 4-22

三、设置文字格式

用 Word 编辑文档时，我们经常需要设置文本字体、字号、加粗、上下标、段落间距等内容，使文档更加结构分明、突出重点和美观大方。

打开 Word 文档后，默认字体为【宋体（中文正文）】，字号为五号，字体颜色为黑色。通过【开始】选项卡的【字体】组，可以对字体、字号、字体颜色等进行设置。下面具体介绍字体、字号、颜色等设置方法。

（一）设置字体

步骤：打开文档→选中要更改字体的文本→切换到【开始】选项卡的【字体】组→单击【字体】文本框右侧的下拉按钮→选择需要的字体。

（二）设置字号

步骤：打开文档→选中要更改字体的文本→切换到【开始】选项卡的【字体】组→单击【字号】文本框右侧的下拉按钮→弹出下拉列表→选择需要的字号。

（三）设置字体颜色

步骤：打开文档→选中要更改字体的文本→切换到【开始】选项卡的【字体】

组→点击【字体颜色】右侧的下拉按钮 A →弹出下拉列表→选择需要的颜色。

（四）设置加粗样式

步骤：打开文档→选中要更改字体的文本→切换到【开始】选项卡的【字体】组→点击【加粗】按钮 **B** 。

（五）设置倾斜样式

步骤：打开文档→选中要更改字体的文本→切换到【开始】选项卡的【字体】组→点击【倾斜】按钮 *I* 。

（六）设置删除线

步骤：打开文档→选中要更改字体的文本→切换到【开始】选项卡的【字体】组→点击【删除线】按钮 abc 。

（七）设置下划线

步骤：打开文档→选中要更改字体的文本→切换到【开始】选项卡的【字体】组→点击【下划线】右侧的下拉按钮 U →弹出下拉列表→选择需要的下划线。

（八）设置上下标样式

步骤：打开文档→选中要更改字体的文本→切换到【开始】选项卡的【字体】组→点击【上标】按钮 x^2 或【下标】按钮 x_2 。

（九）设置突出显示颜色

步骤：打开文档→选中要更改字体的文本→切换到【开始】选项卡的【字体】组→点击【文本突出显示颜色】右侧的下拉按钮→选择颜色。

（十）设置字符边框

步骤：打开文档→选中要更改字体的文本→切换到【开始】选项卡的【字体】组→点击【字符边框】按钮 A 。

（十一）设置文字旋转

步骤：切换到【布局】选项卡中→点击【文字方向】组的下拉按钮→选择所需文

字方向。

四、设置段落格式

段落是一段文本内容，是独立的信息单元。一般情况，我们以段落为基本单元进行文档的排版操作。设置段落格式，可以使文档层次分明、条理清楚，主要包括设置段落的缩进、对齐方式、段间距和行距等内容。

（一）设置段落缩进

对段落设置适宜的缩进，能够优化版面，提高文档层次感。缩进方式包括 4 种类型：左缩进、右缩进、首行缩进和悬挂缩进。

●左缩进：整个段落左边界距离页面左侧的缩进量。

●右缩进：整个段落右边界距离页面右侧的缩进量。

●首行缩进：段落首行第一个字符的起始位置距离页面左侧的缩进量。大多数文本采用首行缩进 2 个字符。

●悬挂缩进：段落中除首行外，其他行距离页面左侧的缩进量。

下面以设置段落悬挂缩进为例，介绍具体设置方法。

步骤：选中段落→切换到【开始】选项卡的【段落】组，单击功能扩展按钮→弹出【段落】对话框，默认选中【缩进和间距】选项卡→选择【特殊】栏的【悬挂缩进】选项→设置右侧【缩进值】→点击【确定】按钮，如图 4-23 所示。

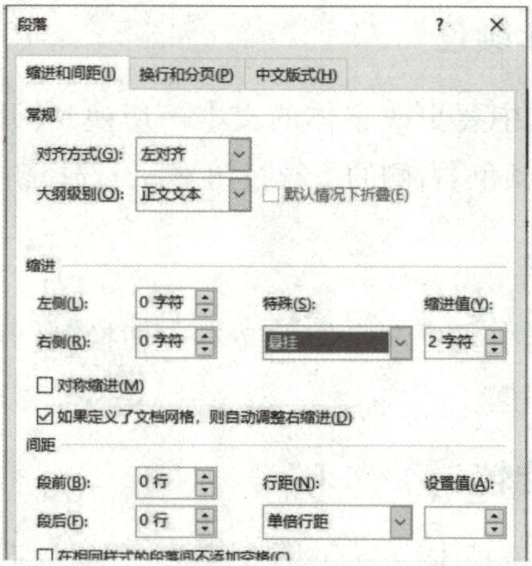

图 4-23

(二)设置段落对齐方式

段落对齐方式是指段落在文档中的相对位置。包括 5 种对齐方式:左对齐、居中、右对齐、两端对齐和分散对齐。

下面以设置段落左对齐为例,具体介绍设置方式。

步骤:选中文档→切换到【开始】选项卡的【段落】组→单击【左对齐】按钮即可。

(三)设置段间距和行距

▶▶▶设置段间距

段间距是指相邻两个段落之间的距离。默认单位是行,还可以选择以磅为单位。段间距设置方法如下。

步骤:选中段落文本→切换到【开始】选项卡→单击【段落】下拉按钮→弹出【段落设置】对话框→点击【缩进和间距】选项卡→输入【段前】和【段后】数值→单击【确定】按钮,如图 4-24 所示。

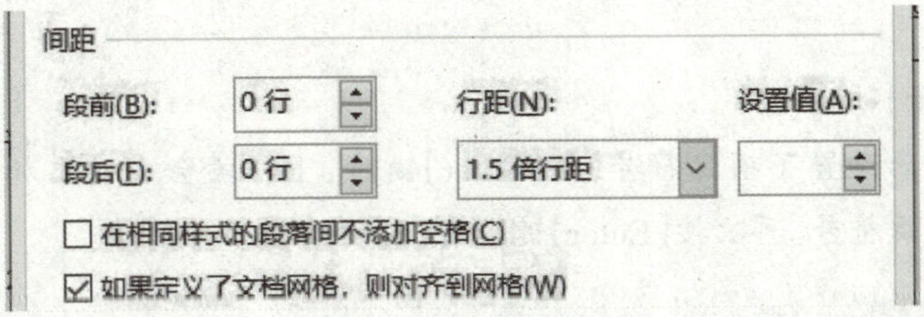

图 4-24

▶▶▶设置行距

行距是指段落中行与行之间的距离。默认单位是行,还可以选择以磅为单位。行距设置方法如下。

步骤:选中段落文本→切换到【开始】选项卡→单击【段落】下拉按钮→弹出【段落设置】对话框→点击【缩进和间距】选项卡→输入【行距】数值→单击【确定】按钮,如图 4-24 所示。

五、添加项目符号和编号

（一）添加项目符号

步骤：选中段落→切换到【开始】选项卡的【段落】组→点击【项目符号】按钮右侧的下拉按钮→选择项目符号的样式，如图 4–25 所示。

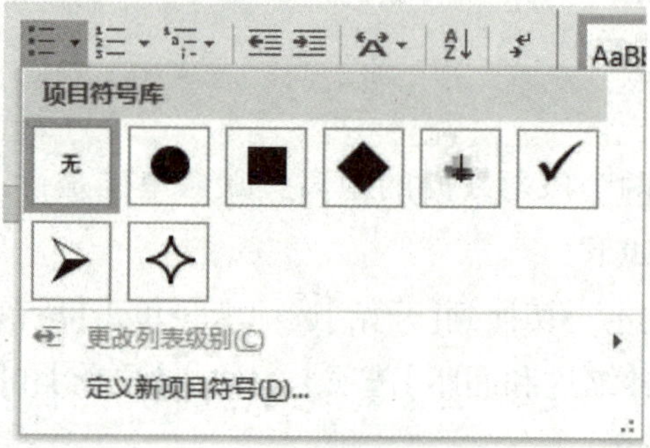

图 4–25

［小提示］

段落设置了项目符号，按【Enter】键时，下一段会自动添加相同样式的项目符号。再次按【Enter】键，取消自动添加项目符号。

（二）添加段落编号

步骤：选中段落→切换到【开始】选项卡的【段落】组→点击【编号】按钮右侧的下拉按钮→选择编号的样式。默认情况下，段落项目编号为阿拉伯数字加小数点，如图 4–26 所示。

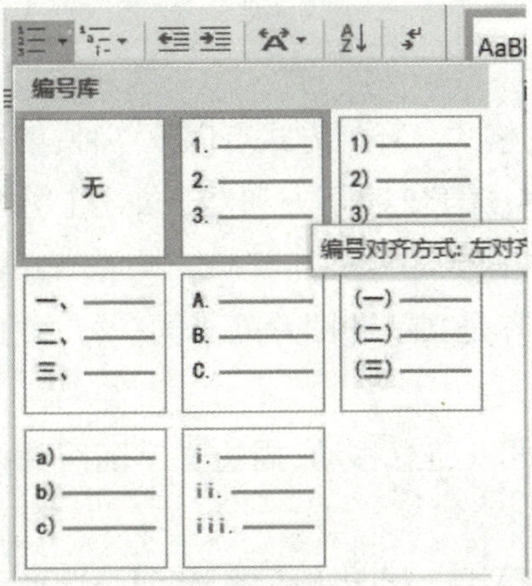

图 4-26

[小提示]

默认情况下，以【一、】【1.】等编号开头的段落，按【Enter】键时，下一段会自动添加相同样式的编号。

六、插入图形图像

除了对文档中的文字、段落进行设置外，我们还可以插入图形、艺术字、图片等对象，使文档图文并茂、形象生动。

(一)插入图片

在 Word 文档中，插入图片有以下 4 种方法。

方法 1：复制图片→粘贴图片。

方法 2：直接将图片拖拽到 Word 文档里。

方法 3：光标定位到需要插入图片的位置→切换到【插入】选项卡的【插图】组→单击【图片】按钮→弹出【插入图片】对话框→选择图片→单击【插入】按钮。

方法 4：复制图片→切换到【开始】选项卡→点击【粘贴】下拉按钮→点击【选择性粘贴】→选择【图片】格式。

[小提示]

图片插入后，拖动图片四周控制点，可以调整图片大小；指向图片时，图片上方会出现旋转标志，可以实现图片旋转。

(二)设置图文环绕方式

图片的环绕方式是指文字在图片周围的排列格式。环绕方式有以下 7 种:四周型、嵌入型、紧密型环绕、穿越型环绕、上下型环绕、衬于文字下方和浮于文字上方[8]。下面主要介绍四周型和嵌入型两种常见的环绕方式。

●嵌入型:默认图片的插入方式。嵌入型图片是文字和图片处于同一行,并且不可随意拖动,可通过剪切操作实现移动。

●四周型:文字紧密排列在图片四周,图片可以随意移动,周边文字随图片拖动,自动排列适应。

步骤:选中图片→点击鼠标右键→弹出快捷菜单→点击【环绕文字】→选择环绕方式。

(三)图片添加文本注释

步骤 1:切换到【插入】选项卡→点击【文本】组的【文本框】选项→将文本框移到图片上→输入文字内容→对字体、字号、颜色等进行设置。

步骤 2:选中文本框→切换到【格式】选项卡→设置【形状填充】为【无填充颜色】,设置【形状轮廓】为【无轮廓】。

七、插入表格

表格是由多个行或列的单元格组成的,用户可以在单元格内输入文字或数据等,通过在 Word 中插入各种样式的表格,可以更直观地展示数据信息,丰富文档的内容。

(一)新建表格

新建表格有以下两种方法。

方法 1:光标定位在要插入表格的位置→切换到【插入】选项卡→点击【表格】组的【表格】下拉按钮→打开下拉菜单→显示一个 10×8 的虚拟表格→移动鼠标选择表格行和列的数量→单击鼠标左键,如图 4-27 所示。

方法 2:光标定位在要插入表格的位置→切换到【插入】选项卡→点击【表格】组的【表格】下拉按钮→打开下拉菜单→点击【插入表格】命令→弹出【插入表格】对

话框→填写表格的列数和行数→设置【自动调整操作栏】→点击【确定】按钮，如图4–28 所示。

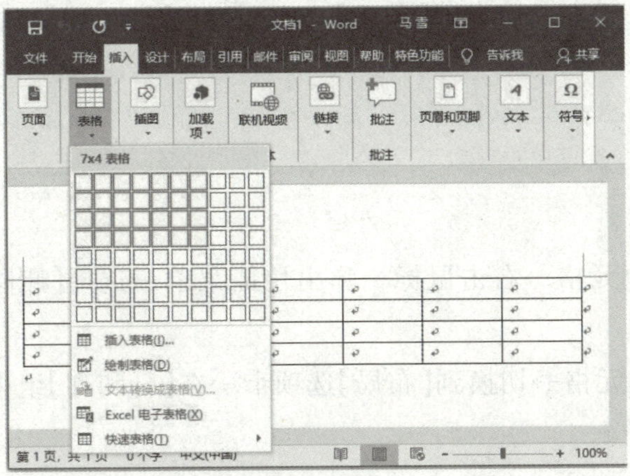

图 4–27

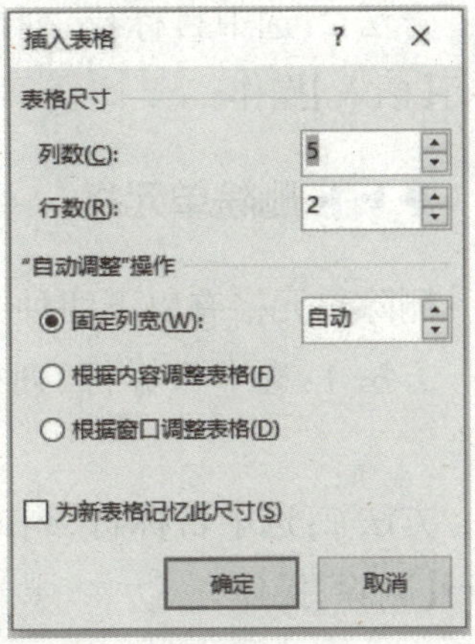

图 4–28

[小提示]

插入表格后，将光标定位在单元格中，输入内容后，按【Enter】键结束。

(二)调整表格结构

►►►调整行高

步骤：将鼠标移到表格中的任意一条横线上→待指针出现上下两个箭头时，按下鼠标左键并拖动，此时表格出现虚线→待虚线到达预计位置，释放左键。

►►►调整列宽

步骤：将鼠标移到表格中的任意一条竖线上→待指针出现左右两个箭头时，按下鼠标左键并拖动，此时表格出现虚线→待虚线到达预计位置，释放左键。

(三)插入和删除单元格

►►►插入单元格

插入单元格有以下两种方法。

方法 1:选中目标行、列或单元格→右击鼠标→弹出快捷菜单→点击【插入】选项→选择相应的插入操作。

方法 2:选中目标行、列或单元格→切换到【布局】选项卡→在【行和列】组中,执行【插入】操作。

▶▶▶删除单元格

删除单元格有以下两种方法。

方法 1:选中目标行、列或单元格→右击鼠标→弹出快捷菜单→选择【删除】命令。

方法 2:选中目标行、列或单元格→切换到【布局】选项卡→在【行和列】组中,执行【删除】操作。

(四)合并和拆分单元格

▶▶▶合并单元格

方法 1:选中需要合并的多个单元格→右击鼠标→弹出快捷菜单→选择【合并单元格】。

方法 2:选中需要合并的多个单元格→切换到【布局】选项卡→点击【合并】组的【合并单元格】按钮。

▶▶▶拆分单元格

方法 1:选中需要拆分的多个单元格→右击鼠标→弹出快捷菜单→选择【拆分单元格】。

方法 2:选中需要拆分的某个单元格→切换到【布局】选项卡→点击【拆分单元格】按钮→弹出【拆分单元格】对话框,设置拆分的行数与列数→单击【确定】按钮。

八、插入目录和数学公式

(一)插入目录

步骤 1:切换到【插入】选项卡→点击【页眉和页脚】的【页码】下拉按钮→插入

页码。

步骤 2:选中需要编辑为目录的标题,如第一章、第二章……→切换到【开始】选项卡→选择【样式】组的【标题 1】,为文档中的一级标题设置样式。

然后,设置文档的二级标题如 1.1、2.1……→切换到【开始】选项卡→点击【样式】组的【标题 2】,为文档中的二级标题设置样式。用同样方法,可以设置三级标题。

步骤 3:将光标定位到要插入目录的位置→切换到【引用】选项卡→选择【目录】组的【目录】下拉按钮→点击所需的目录形式或选择【自定义目录】命令,插入目录成功。

(二)插入数学公式

步骤:将光标定位到要插入公式的位置→切换到【插入】选项卡→单击【符号】组的【公式】下拉按钮→打开【公式库】→选择需要的公式→插入该公式后,【设计】选项卡会显示在【功能区】的最前端,利用选项卡中的工具对当前公式进行编辑。

九、页面布局与打印

(一)页面设置

为了使文档更加美观,我们可以对文档的页边距、纸张方向及大小等进行设置。页边距是指文档内容与页面边沿之间的距离,控制页面中文档内容的长度和宽度。

页面设置方法有以下两种。

方法 1:切换到【布局】选项卡→在【页面设置】组单击相应按钮,如图 4-29 所示。

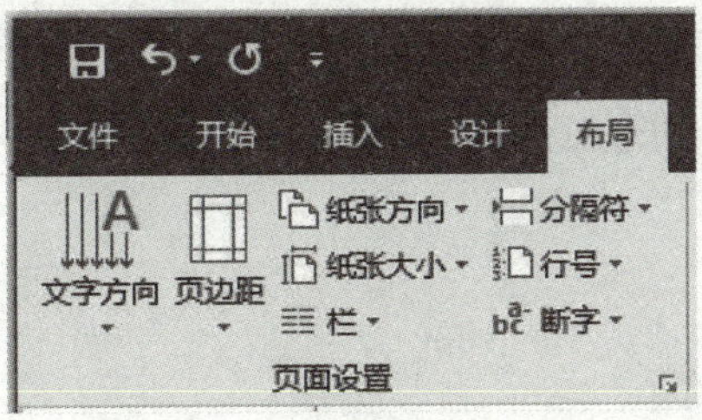

图 4-29

方法 2:切换到【布局】选项卡→单击【页面设置】组的扩展功能按钮→打开【页面设置】对话框→在【页边距】选项卡可以设置页边距大小、装订线大小和位置、纸张方向等;在【纸张】选项卡,可以设置纸张的宽度、高度等,如图 4-30 所示。

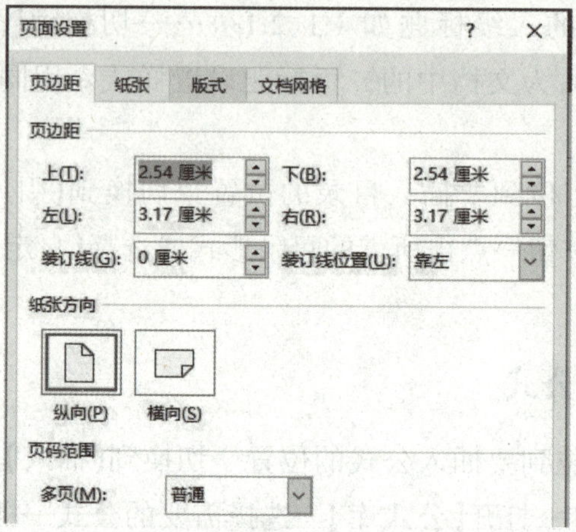

图 4-30

[小提示]

默认情况下,纸张方向为【纵向】,纸张大小为【A4】。可直接通过单击【纸张方向】按钮和【纸张大小】按钮进行设置。

(二)设置页眉与页脚

对文档的页眉和页脚进行设置,能够使文档达到美化的效果。

▶▶▶页眉

页眉是每个页面的顶部区域,在页眉可以输入文档名称、章节标题或作者名称等信息。

步骤:切换到【插入】选项卡→单击【页眉和页脚】下拉按钮→单击【页眉】下拉菜单→选择【花丝】选项→在【文档标题】输入内容→单击【关闭页眉和页脚】按钮,如图 4-31 所示。

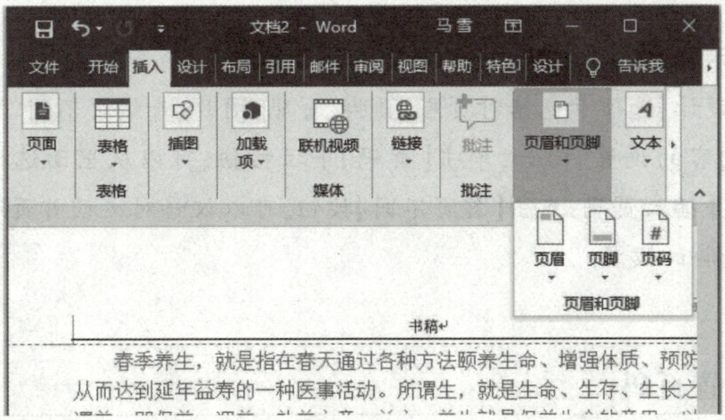

图 4-31

▶▶▶页脚

页脚是文档中每个页面的底部区域，在页脚可以输入文档的创建时间、页码等信息。

步骤：切换到【插入】选项卡→单击【页眉和页脚】下拉按钮→单击→【页脚】下拉菜单→选择【花丝】选项→输入页脚的内容→单击【关闭页眉和页脚】按钮，如图 4-32 所示。

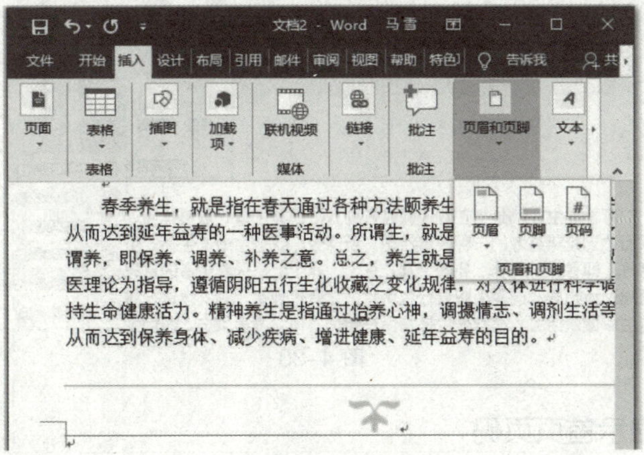

图 4-32

[小提示]

【设计】选项卡包括对页眉、页脚、页码、图片、奇偶页不同、首页不同等内容的设置。例如,单击【页码】下拉按钮,可以从里面选择页码样式,并插入页码;点击【首页不同】按钮,可以仅针对文档首页进行页眉和页脚的设置。

(三)设置页码

▶▶▶添加页码

步骤:切换到【插入】选项卡→选择【页眉和页脚】组→单击【页码】下拉按钮→选择【页面底端】选项→选择【普通数字 2】选项→文档插入页码后,单击【关闭页眉和页脚】按钮,如图 4-33 所示。

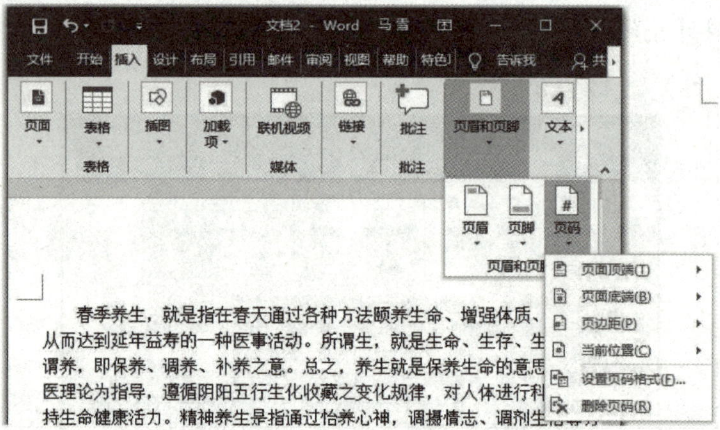

图 4-33

▶▶▶不显示首页页码

步骤 1:切换到【插入】选项卡→选择【页眉和页脚】组的【页脚】下拉按钮→系统会自动显示内置的【页脚】模版预览→选择需要的模板→在【选项】中勾选【首页不同】。

步骤 2:点击【页眉和页脚】组的【页码】下拉按钮→选择【设置页码格式】→弹

出【页码格式】对话框→设置【页码编号】→将【起始页码】值设置为【0】→点击【确定】按钮。

（四）给文档加水印

步骤：切换到【设计】选项卡→选择【页面背景】组的【水印】下拉按钮→选择一个符合要求的水印，或选择自定义水印。

（五）打印文档

▶▶▶设置默认打印机

步骤：打开【控制面板】→点击【硬件和声音】的【查看设备和打印机】→打开【设备和打印机】页面→选择要默认的打印机设备，用鼠标右键单击→选择【设定为默认打印机】。

▶▶▶打印文档

步骤：切换到【文件】选项卡→单击【打印】→右侧窗格显示打印效果→输入打印份数→选择打印机名称→设置打印范围→单击【打印】按钮即可，如图 4–34 所示。

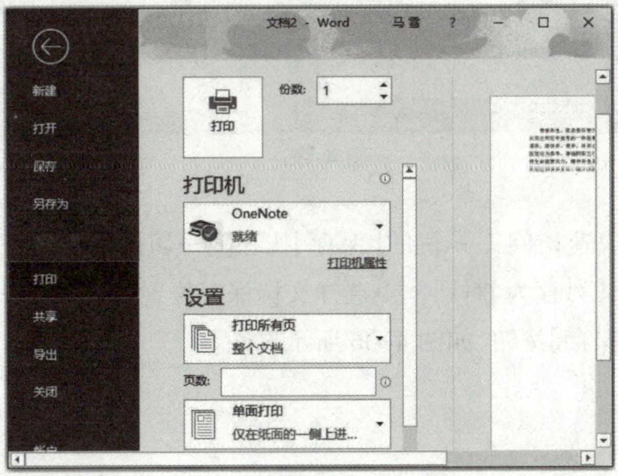

图 4–34

十、常见问题与解决办法

（一）如何制作一个文档并打印

下面以制作【夏季食谱】文档为例，详细介绍制作和打印方法。

步骤 1：启动 Word 程序→切换【文件】选项卡→单击左侧窗格【新建】命令→点击右侧窗格【空白文档】选项→创建空白文档，如图 4-35 所示。

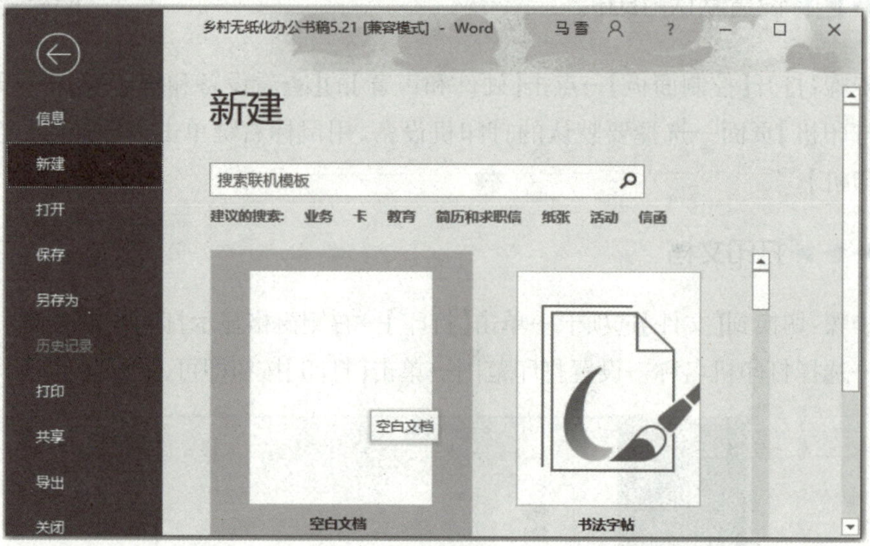

图 4-35

步骤 2：点击快速访问工具栏的【保存】按钮→切换到【另存为】选项→点击【浏览】按钮→弹出【另存为】对话框→选择文档保存位置、输入文件名【夏季食谱】、保存类型→点击【保存】按钮，如图 4-36 所示。

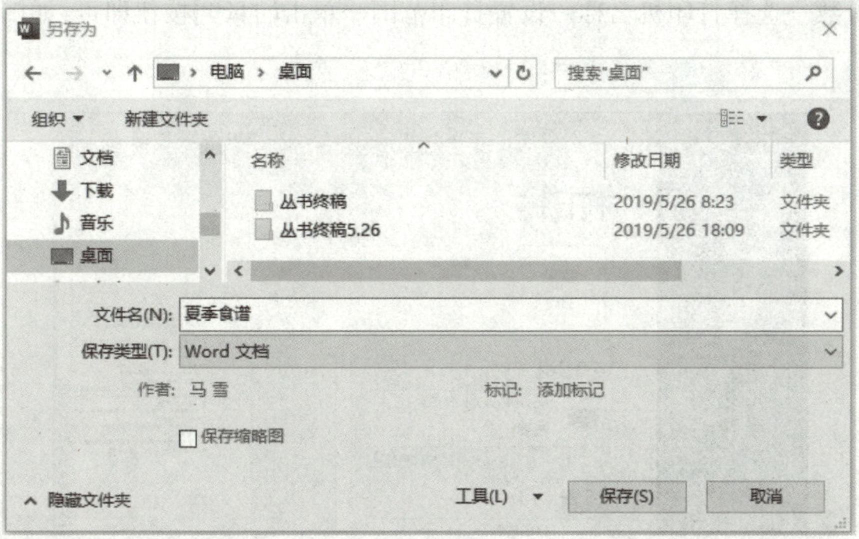

图 4–36

步骤 3：在文档中输入文本内容→设置字体、字号、字体颜色、段落对齐方式，行距等，如图 4–37 所示。

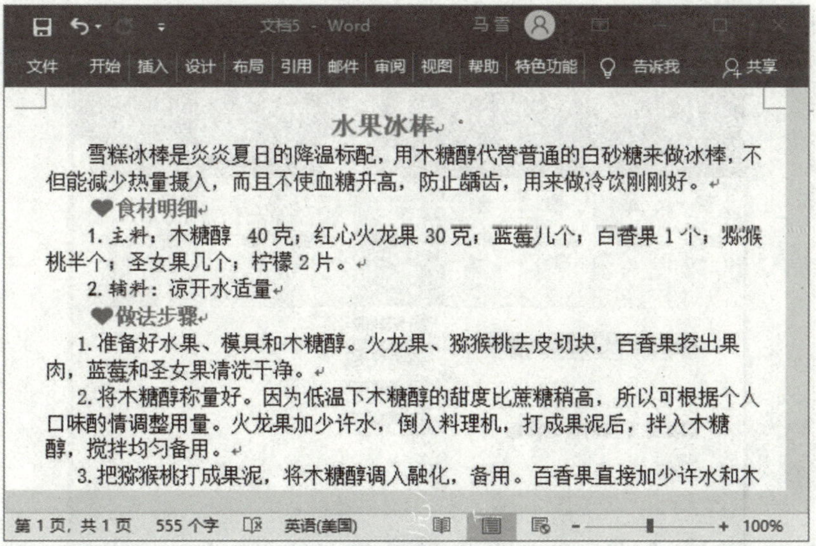

图 4–37

步骤 4：切换到【文件】选项卡→单击【打印】→右侧窗格显示打印效果→输入

打印份数→选择打印机名称→设置打印范围→单击【打印】按钮即可，如图 4-38 所示。

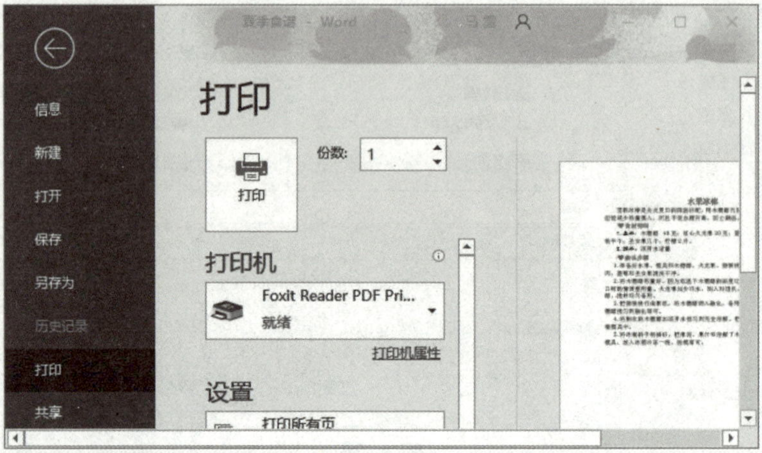

图 4-38

（二）简繁字间的转换方法

切换到【审阅】选项卡→选择【中文简繁转换】组→选择所需要进行的转换命令即可，如图 4-39 所示。

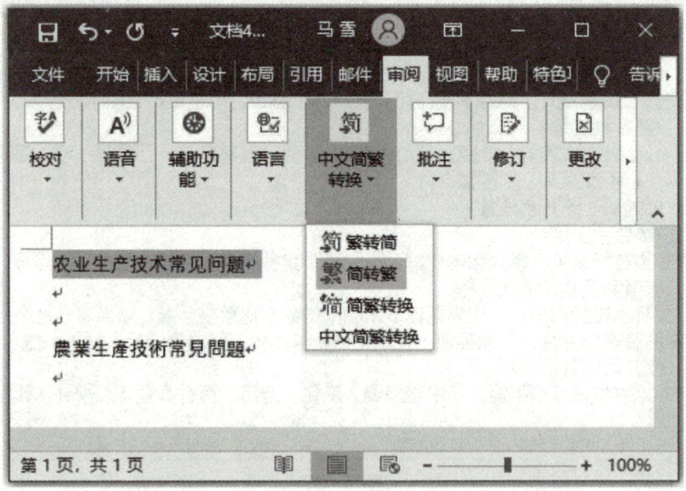

图 4-39

（三）数字快速转换大写金额的方法

选中输入的数字→切换到【插入】选项卡→选择【符号】组的【编号】命令→弹出【编号】对话框→选择【壹、贰、叁】命令→单击【确定】按钮，如图 4-40 所示。

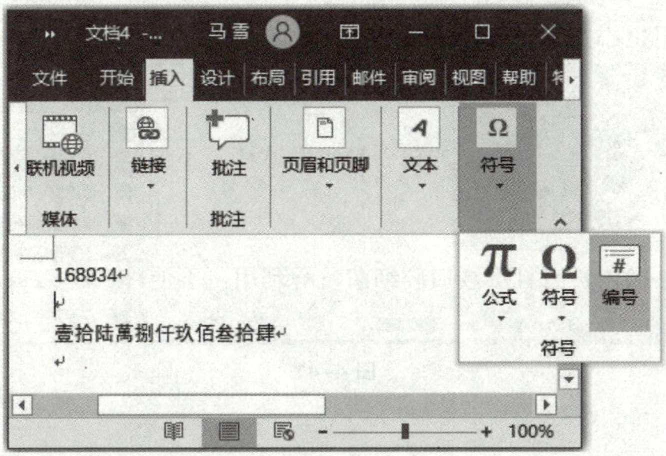

图 4-40

（四）如何挑选打印机

目前，常用的打印机主要有喷墨打印机和激光打印机两种。

●喷墨打印机：打印彩色文档和照片。特点是色彩鲜艳、颗粒细腻、价格便宜。

●激光打印机：激光打印机分为黑白激光打印机和彩色激光打印机。特点是打印的文字清晰、打印速度快、噪声小、打印出来的文件可以长期保存，不用经常更换墨盒，但价格高于喷墨打印机。在日常办公中，建议选择激光打印机进行常规文件的打印操作。

（五）如何在文档中插入图片，并设置图片环绕方式

使用 Word 过程中，我们经常会在文字中插入图片，并设置图片环绕方式，以美化枯燥乏味的文字，丰富文档的形式与内容。具体设置方式如下。

步骤 1：打开 Word 文档→输入文字→复制图片→粘贴图片。

步骤 2：选中图片→切换到【格式】选项卡→单击【排列】下拉按钮→弹出的选项中单击【环绕文字】下拉按钮→弹出菜单选择【四周型】，如图4-41和图4-42所示。

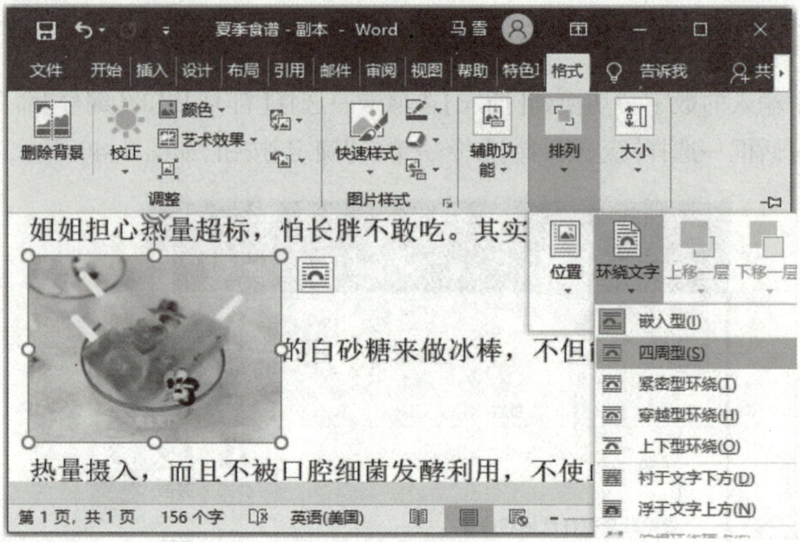
夏季食谱 - 副本 - Word
马雪
文件
开始
插入
设计
布局
引用
邮件
审阅
视图
帮助
特色
格式
告诉我
删除背景
校正
颜色
艺术效果
调整
快速样式
图片样式
辅助功能
排列
大小
姐姐担心热量超标，怕长胖不敢吃。其实
的白砂糖来做冰棒，不但
热量摄入，而且不被口腔细菌发酵利用，不使
位置
环绕文字
上移一层
下移一层
嵌入型(I)
四周型(S)
紧密型环绕(T)
穿越型环绕(H)
上下型环绕(O)
衬于文字下方(D)
浮于文字上方(N)
第 1 页，共 1 页
156 个字
英语(美国)

图 4–41

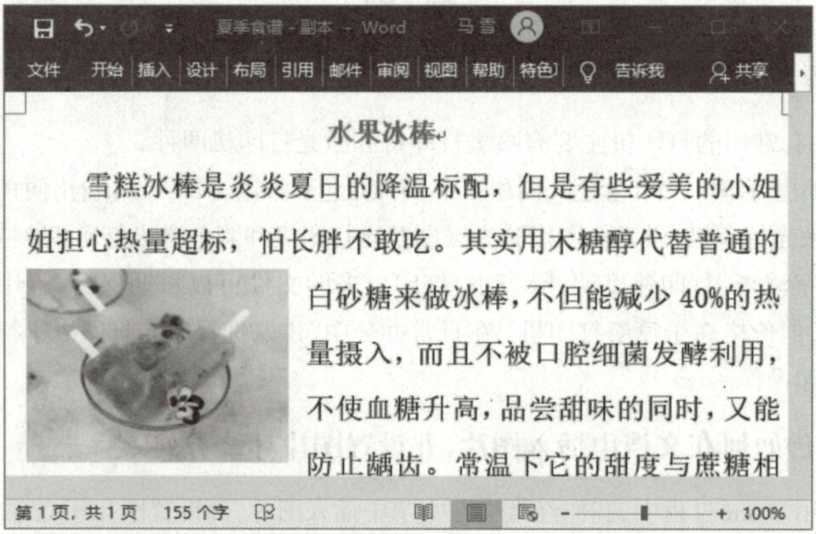
夏季食谱 - 副本 - Word
马雪
文件
开始
插入
设计
布局
引用
邮件
审阅
视图
帮助
特色
告诉我
共享
水果冰棒
雪糕冰棒是炎炎夏日的降温标配，但是有些爱美的小姐
姐担心热量超标，怕长胖不敢吃。其实用木糖醇代替普通的
白砂糖来做冰棒，不但能减少 40%的热
量摄入，而且不被口腔细菌发酵利用，
不使血糖升高，品尝甜味的同时，又能
防止龋齿。常温下它的甜度与蔗糖相
第 1 页，共 1 页
155 个字
100%

图 4–42

第五章

Excel 2019 表格操作

Excel 2019 是微软公司生产的一款电子表格处理程序。作为微软公司办公套装软件中的一个重要组成部分,Excel 可以对数据进行分析、处理、辅助决策等操作,被广泛应用于日常管理工作中。本章将介绍 Excel 2019 的工作簿、工作表以及单元格的基本操作,电子表格的制作以及数据的运算等功能。

一、认识工作界面

Microsoft Excel 2019(以下简称 Excel)是一款专业制作电子表格的软件,具有强大的数据编辑、分析和处理能力,使我们能够轻松应对数据相关操作。作为 Microsoft Office 重要组件之一,直观的界面、出色的计算功能和图标工具,使 Excel 成为我们日常处理数据的必备工具。

(一)认识工作簿、工作表和单元格

Excel 表格主要有 6 个部分,包括标题栏、功能区、单元格名称框、编辑栏、工作表编辑区和状态栏,如图 5-1 所示。

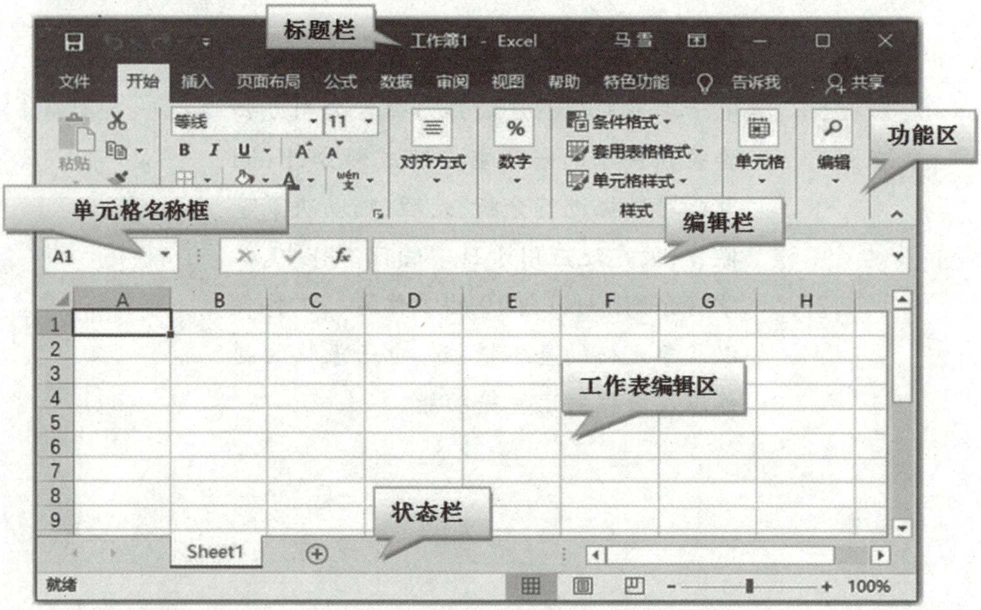

图 5-1

▶▶▶标题栏

标题栏位于窗口最上方,从左到右为快速访问工具栏、文档标题、窗口控制按钮。

●快速访问工具栏：是最常用的工具按钮，包括【保存】、【撤销】、【恢复】按钮，单击这些按钮可执行相应操作。

●窗口控制按钮：包括【功能区显示选项】、【最小化】、【最大化】或【向下还原】、【关闭】按钮，单击这些按钮可执行相应操作。

▶▶▶功能区

功能区位于标题栏下方，从左到右依次为【文件】【开始】【插入】【页面布局】【公式】【数据】【审阅】【视图】等选项卡。

每个选项卡有对应的功能区，每个功能区有若干个组。单击某一组的命令按钮，可执行相应的命令或打开对应的子菜单。例如，【插入】选项卡由【表格】【插图】【加载项】【图表】【演示】【迷你图】【筛选器】【链接】【批注】组成。单击【表格】组的【表格】按钮，即可插入表格。

▶▶▶单元格名称框

单元格名称框位于功能区的左下方，显示当前单元格的名称。例如，A1 表示第 1 行和 A 列相交的单元格。

▶▶▶编辑栏

编辑栏位于单元格的右侧，包括名称框和按钮组合编辑栏。选定单元格后，可以在编辑栏输入数据，并对数据进行编辑、修改、删除等操作。另外，在单元格输入的数据也会显示在编辑栏。

▶▶▶工作表编辑区

工作表编辑区位于窗口中间的空白网状区域，主要包括：单元格、行号、列号、工作表标签、水平滚动条和垂直滚动条。

单元格编号由列号与行号组成，列号在前，行号在后。例如，【A3】表示 A 列与第 3 行相交的单元格。矩形单元格区域，以【左上角单元格：右下角单元】表示，例如，【A2：C5】表示从 A2 到 C5 之间的单元格区域。

新建工作簿默认只有 1 个工作表，命名【Sheet1】。

增加一个新工作表的方法：单击工作表右侧的【插入工作表】按钮⊕，添加一个新的空白工作表,命名为【Sheet2】。再次点击【插入工作表】按钮,又添加一个新的空白工作表,命名为【Sheet3】,以此类推。

▶▶▶状态栏

状态栏位于 Excel 工作界面的最下方,可以查看页面信息、切换视图模式、调节显示比例等。

(二)工作簿和工作表的关系

Excel 表格由 3 个基本组成元素,包括工作簿、工作表和单元格。其中,单元格是工作表基本单位,用来编辑、分析数据;每张表格是工作表;工作表集合组成工作簿。一个工作簿可以有多个工作表,一张工作表含有多个单元格。

二、工作簿基本操作

(一)新建和保存工作簿

▶▶▶新建工作簿

步骤:单击桌面的【开始】按钮→选择【Excel】程序→进入 Excel 创建界面→单击【空白工作簿】,新建工作簿 1,如图 5-2 所示。

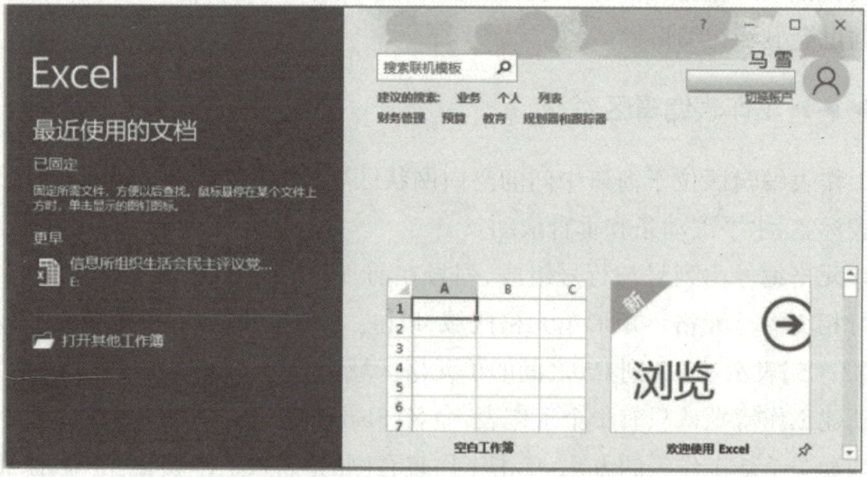

图 5-2

▶▶▶保存工作簿

步骤：切换到【文件】选项卡→点击【另存为】选项→点击【浏览】选项→弹出【另存为】对话框→选择存储位置，填写文件名称→点击【保存】按钮，如图 5-3 所示。

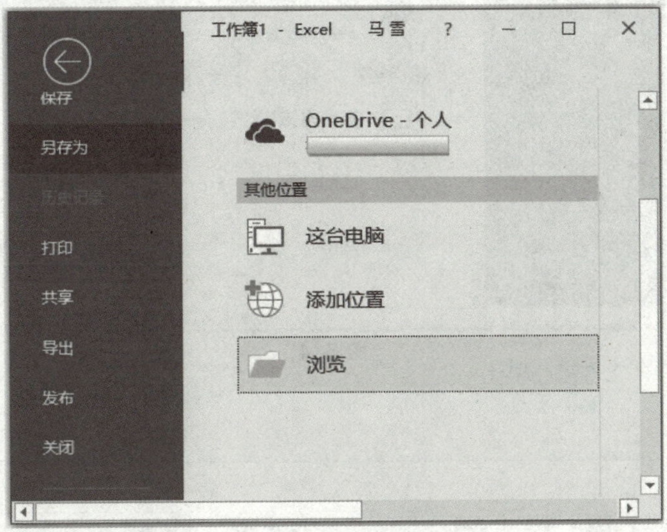

图 5-3

(二)打开和关闭工作簿

▶▶▶打开工作簿

步骤：打开 Excel 工作簿→切换到【文件】选项卡→选择【打开】选项→选择【浏览】选项→弹出【打开】对话框→单击【打开】按钮，如图 5-4 和图 5-5 所示。

▶▶▶关闭工作簿

方法 1：点击标题栏右侧的【关闭】按钮。

方法 2：切换到【文件】选项卡→选择【关闭】命令。

图 5-4

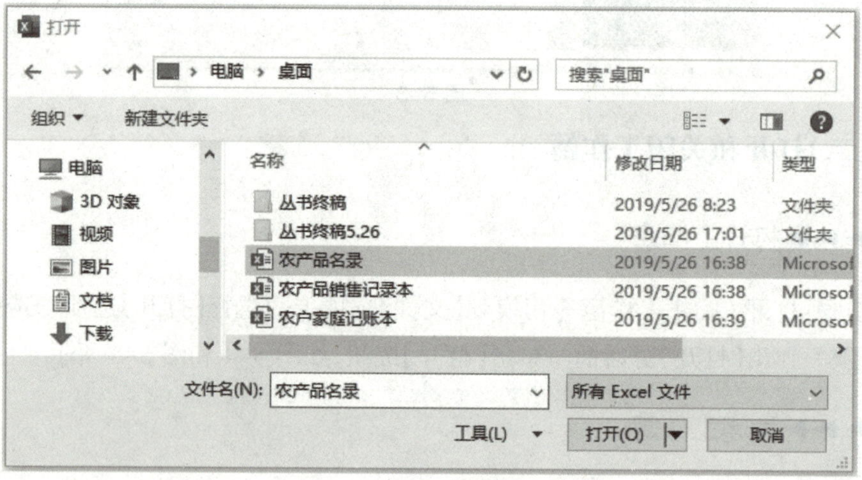

图 5-5

[小提示]

按住【Ctrl+S】组合键，保存工作簿；按住【Ctrl+O】组合键，弹出【打开】对话框，打开工作簿。

三、工作表基本操作

(一)命名工作表

创建工作表的默认名称为【Sheet1、Sheet2……】,为了更好区分工作表,我们需要给工作表重新命名。

方法 1:双击工作表标签【Sheet1】→输入新名称,如图 5-6 所示。

方法 2:鼠标右击工作表名称→弹出快捷菜单→点击【重命名】命令→输入新名称→按【Enter】键,如图 5-7 所示。

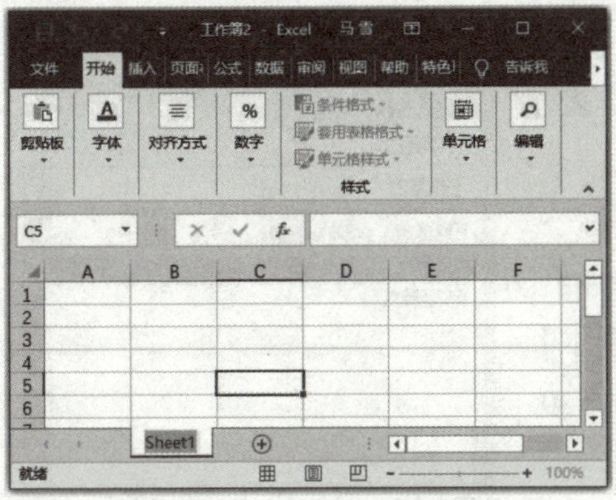

图 5-6

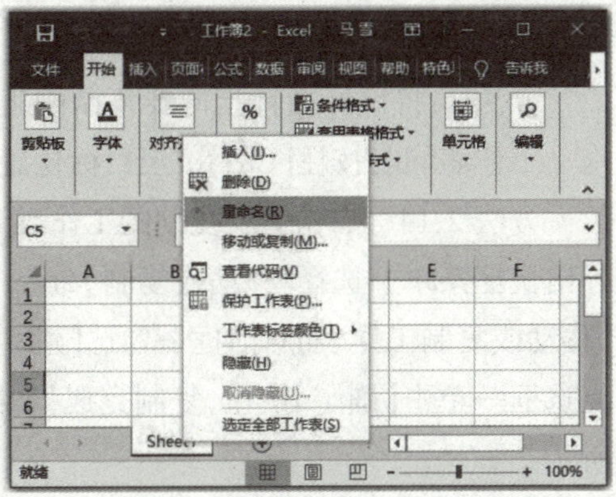

图 5-7

(二)移动和复制工作表

▶▶▶同一个工作簿内

(1)移动工作表

方法 1:将光标指向要移动的工作表,拖动工作表标签至目标位置。

方法 2:鼠标右击需要移动的工作表名称→弹出快捷菜单→选择【移动或复制】命令→弹出【移动或复制工作表】对话框→选定工作表(将移到该表之前)→弹出【移动或复制工作表】对话框→不勾选【建立副本】复选框→单击【确定】按钮,如图 5-8 所示。

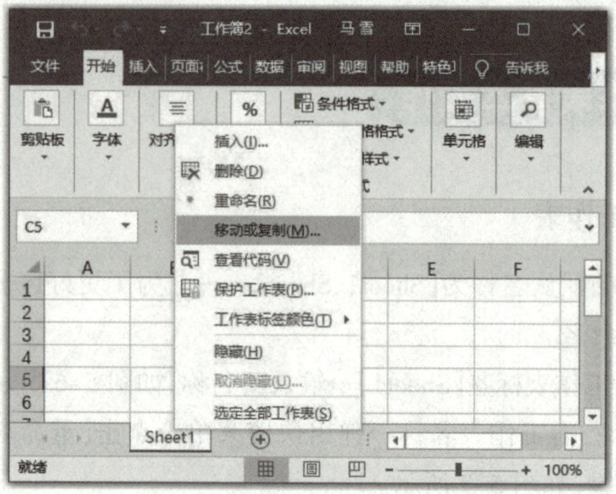

图 5-8

(2)复制工作表

方法 1:将鼠标指针指向要复制的工作表,拖动工作表同时按住【Ctrl】键至目标位置。

方法 2:鼠标右击需要复制的工作表名称→弹出快捷菜单→选择【移动或复制】命令→弹出【移动或复制工作表】对话框→勾选【建立副本】复选框→单击【确定】按钮,复制完成,如图 5-9 所示。

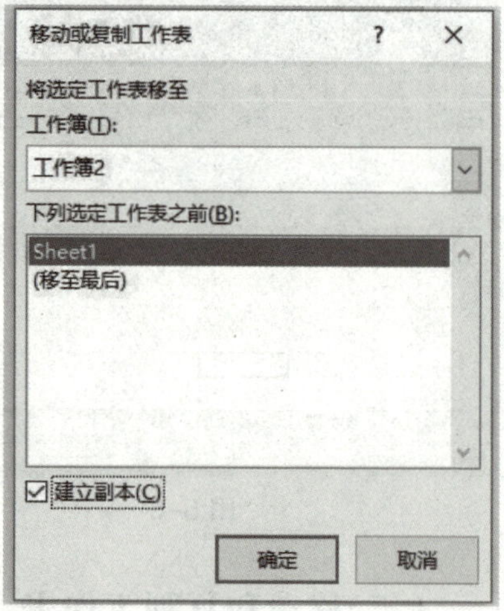

图 5-9

▶▶▶不同工作簿间

以【工作簿 A】和【工作簿 B】为例,介绍如何把【工作簿 A】的【Sheet1】移动或复制到【工作簿 B】里。

(1)移动工作表

步骤 1:打开【工作簿 A】和【工作簿 B】→在【工作簿 A】中,用鼠标右击【Sheet1】标签→弹出快捷菜单→单击【移动或复制】命令,如图 5-8 所示。

步骤 2:弹出【移动或复制工作表】对话框→在【工作簿】下拉列表框选择【工作簿 B】→在【下列选定工作表之前】列表框,选择移动后在【工作簿 B】的位置,不勾选【建立副本】复选框,如图 5-10 所示。

(2)复制工作表

与移动工作表步骤相同,注意最后需要勾选【建立副本】复选框,如图 5-11 所示。

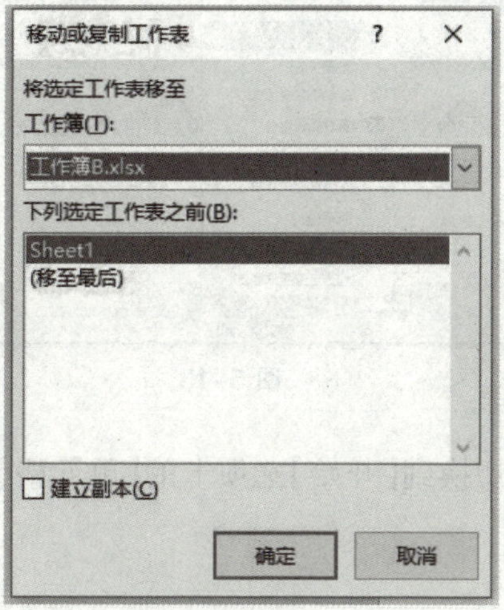

图 5-10

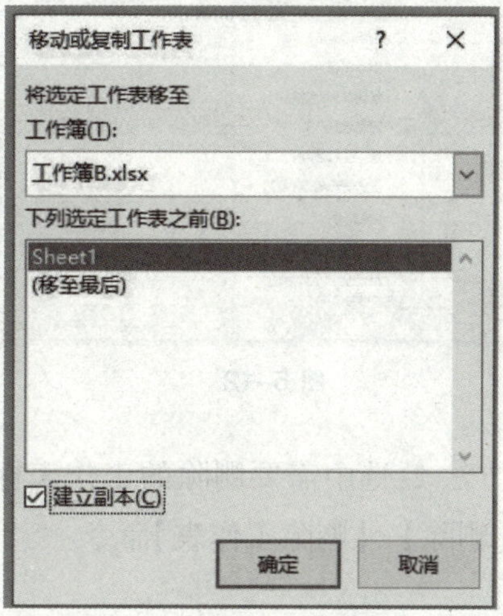

图 5-11

(三)插入和删除工作表

▶▶▶插入工作表

插入工作表有以下 4 种方法。

方法 1:单击工作表标签栏右侧的【插入工作表】按钮。

方法 2:按住【Shift+F11】组合键。

方法 3:切换到【开始】菜单选项卡的【单元格】组→单击【插入】按钮→弹出下拉菜单→选择【插入工作表】命令。

方法 4:鼠标右击工作表标签→弹出快捷菜单→单击【插入】命令→弹出【插入】对话框→双击【工作表】选项,如图 5-12 所示。

▶▶▶删除工作表

删除工作表有以下两种方法。

方法 1:鼠标右击需要删除的工作表标签→弹出快捷菜单→选择【删除】命令,如图 5-13 所示。

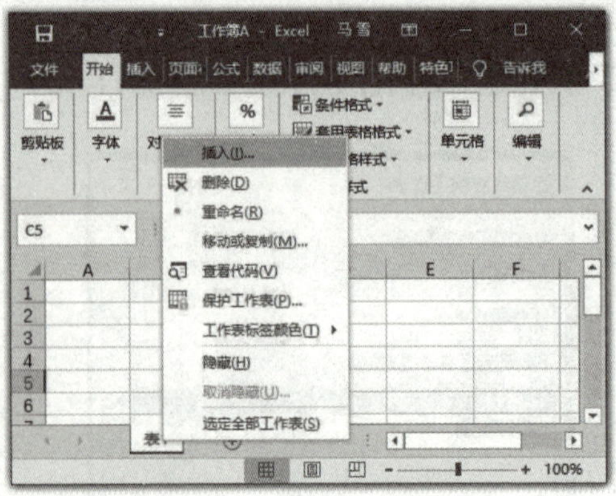

图 5-12

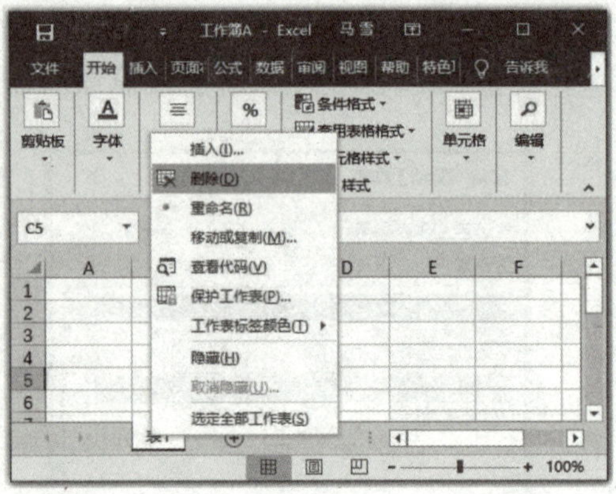

图 5-13

方法 2：选中需要删除的工作表标签→切换到【开始】选项卡的【单元格】组→执行【删除】→【删除工作表】命令。

四、单元格基本操作

单元格是 Excel 工作表存放数据的最小单元（格子），也是我们经常会使用到的。单元格基本操作包括选择和删除单元格、合并和拆分单元格、调整单元格行或列值、插入和删除行或列。当前被选中的单元格称为活动单元格，在名称框中，会显示当前活动单元格的名称。而编辑栏会显示当前活动单元格的真实内容[9]。

（一）选择单元格

▶▶▶ 选择单元格

只有选择单元格后，才能进行数据或文本的输入。单元格的选择有以下几种类型。

●选中单个单元格：单击要选中的某个单元格。

●选定连续的多个单元格：选中第一个单元格，按住【Shift】键同时，单击最后一个单元格。

●选择多个不连续单元格：按住【Ctrl】键，使用鼠标单击想要选择的单元格，如图 5-14 所示。

●选中所有单元格：按住【Ctrl+A】组合键，可以快速选中整个工作表中的所有单元格。

▶▶▶删除单元格

方法 1:选中单元格→用鼠标右击→弹出快捷菜单→选择【删除】命令→弹出【删除】对话框→选择【右侧单元格左移】或【下方单元格上移】命令→点击【确定】按钮,如图 5-15 所示。

方法 2:选中单元格→切换到【开始】选项卡的【单元格】组→执行【删除单元格】命令。

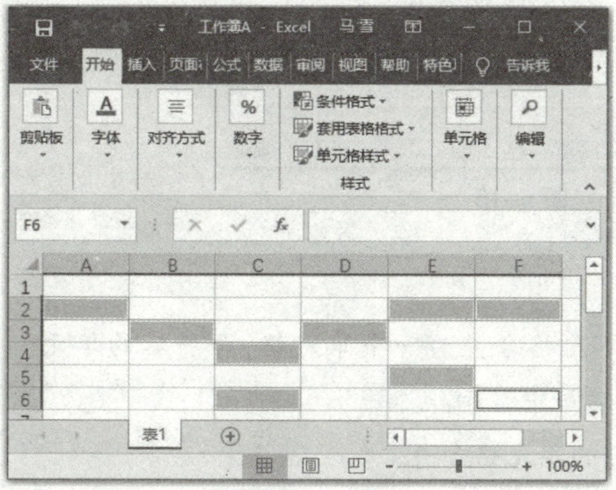

图 5-14

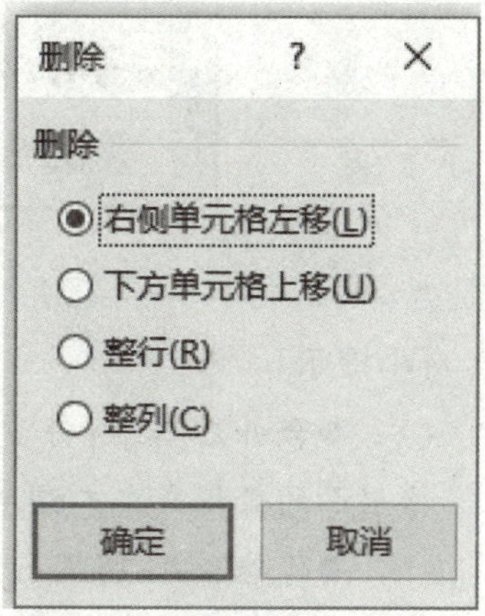

图 5-15

「小提示」

用鼠标单击行(列)序号,即可选中整行(列);按住【Ctrl】键同时,单击行(列)序号,可以选择多个不连续的行(列)。

(二)合并和拆分单元格

▶▶▶合并单元格

合并单元格是将两个或多个单元格合并为一个单元格。

步骤:选中要合并的单元格→切换到【开始】选项卡的【对齐方式】组→点击【合

并后居中】旁下拉按钮→弹出下拉菜单→选择【合并后居中】【跨越合并】或【合并单元格】命令，如图 5-16 所示。

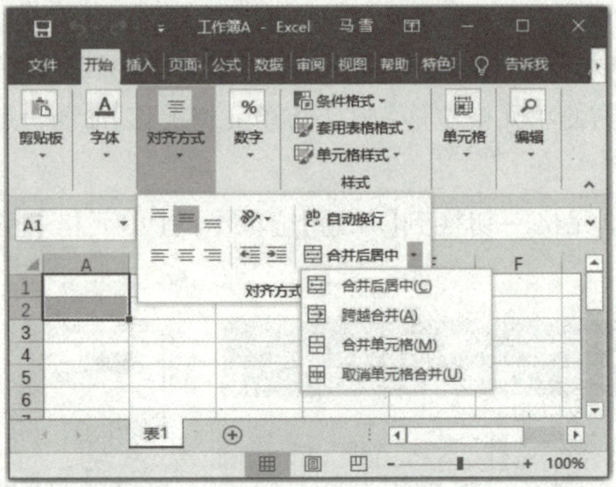

图 5-16

[小提示]

●合并后居中：将多个单元格合并为一个单元格，合并后的单元格里面的数据或文本信息自动居中显示。

●跨越合并：将同行相邻的单元格合并。

●合并单元格：与合并后居中相似，但合并后的单元格里面的数据或文本信息不一定自动居中显示。

▶▶▶拆分单元格

步骤：选中要拆分的单元格→切换到【开始】选项卡的【对齐方式】组→单击【合并后居中】旁的下拉按钮→弹出下拉菜单→选择【取消单元格合并】按钮，如图 5-17 所示。

[小提示]

要拆分的单元格必须是经过合并之后的单元格。

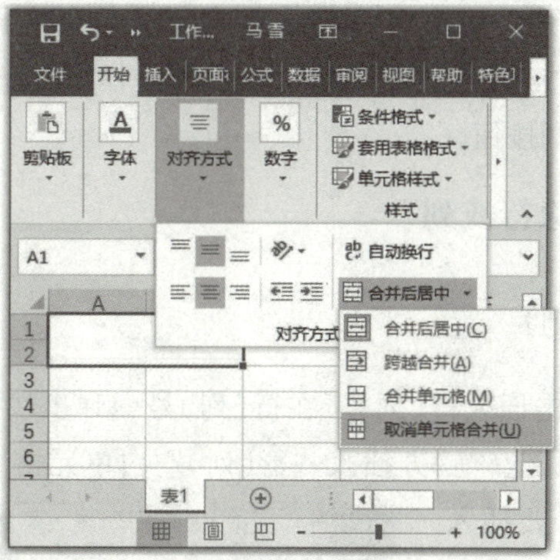

图 5–17

(三)调整行高或列宽

默认情况下,Excel 工作进行表中的行高与列宽都是固定的。我们可以通过下列方法对单元格行或列的值进行调整。

方法 1:将光标移到行号(列标)的间隔线处→待鼠标指针变成两个箭头时,按住鼠标左键不放→拖动鼠标至合适的行高或列宽→松开鼠标左键。

方法 2:选中要调整的行或列→用鼠标右击→弹出快捷菜单→单击【行高】或【列宽】命令→弹出【行高】或【列宽】对话框→输入数值→单击【确定】按钮,如图 5–18 和图 5–19 所示。

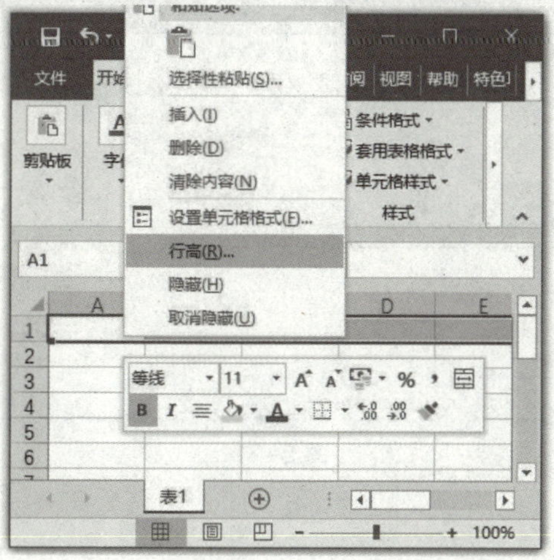

图 5–18

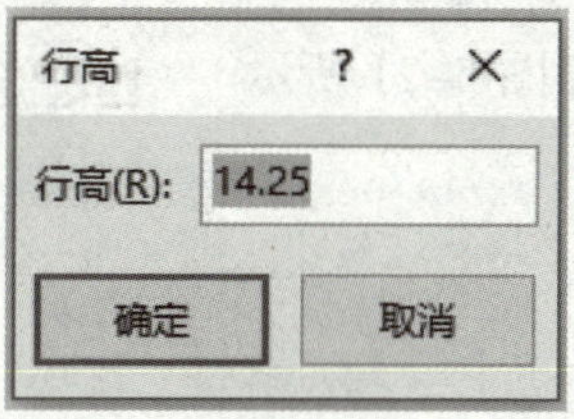

图 5–19

方法 3：选定行或列→切换到【开始】选项卡的【单元格】组→点击【格式】下拉按钮→弹出下拉菜单→选择【行高】或【列宽】选项→弹出【行高】或【列宽】对话框→输入数值→单击【确定】按钮。

（四）插入和删除行或列

▶▶▶插入行(列)

方法1：用鼠标右击插入行(列)所在行(列)号→弹出快捷菜单→单击【插入】命令，将会在该行(列)上(前)方插入一行(列)空白单元格。

方法 2：鼠标右击要插入的行(列)的相邻单元格→弹出快捷菜单→单击【插入】命令→打开【插入】对话框→选择【整行】或【整列】选项→单击【确定】，如图 5-20 所示。

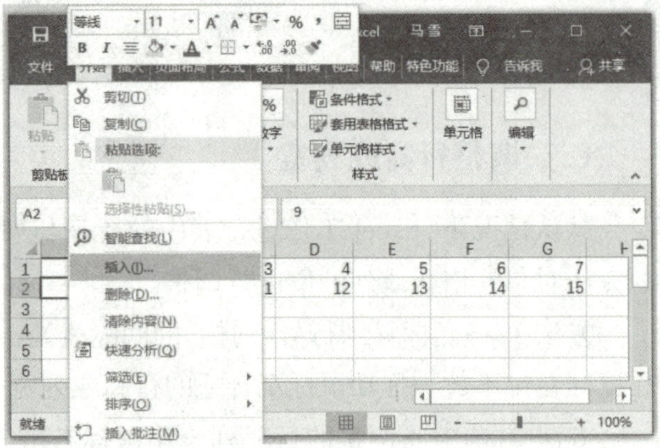

图 5-20

▶▶▶删除行(列)

删除行或列有以下两种方法。

方法 1：选中要删除的行或列→鼠标右击→弹出快捷菜单→选择【删除】命令。

方法 2：选中要删除的行或列→切换到【开始】选项卡→单击【单元格】组的【删除工作表行】或【删除工作表列】命令，如图 5-21 所示。

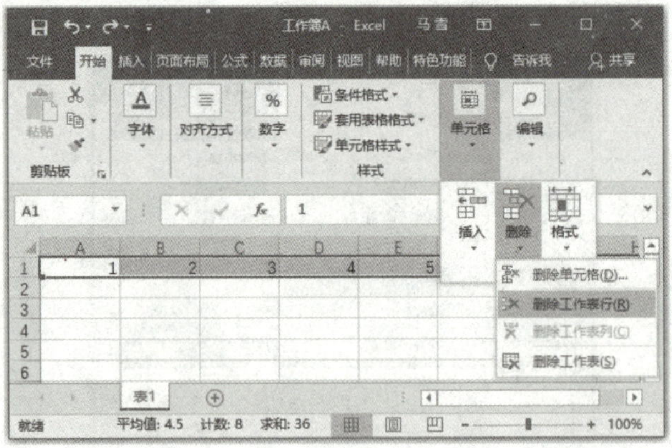

图 5-21

(五)复制与删除单元格的格式

▶▶▶复制单元格的格式

要将某一格式化操作复制到另一部分数据上,应使用【格式刷】按钮。

步骤:选中含有所需源格式的单元格或单元格区域→单击工具条上的【格式刷】按钮→鼠标变成刷子形状→单击需要格式化的单元格。

▶▶▶清除单元格的格式

如果要删除单元格中的内容、格式和批注,不能简单地选定该单元格,然后按【Delete】键。

步骤:选中要清除的单元格或单元格区域→切换到【开始】选项卡→点击【编辑】组的下拉按钮→选择【清除】选项的【清除格式】命令,如图 5-22 所示。

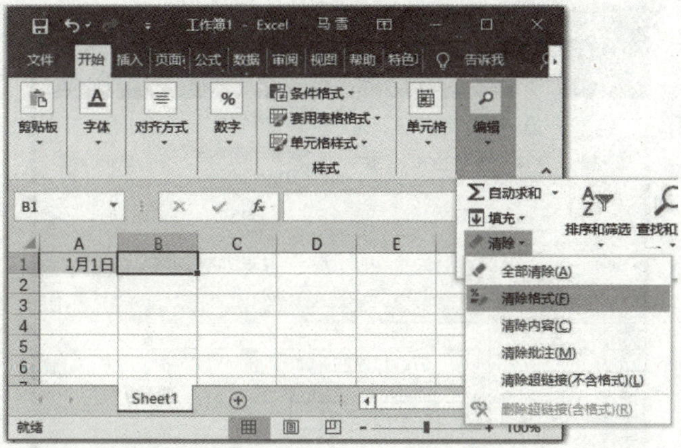

图 5-22

五、数据编辑

数据的分析与处理是 Excel 表格的重要功能之一。首先我们需要输入数据,输入数据的方式有 3 种,包括选择单元格输入、双击单元格输入以及在编辑栏输入数据,然后按【Enter】键结束。

(一)数据类型

Excel 表格的数据主要分为两大类:文本型数据和数字型数据。

▶▶▶文本型数据

文本型数据包括文字、英文单词和编号等,用来说明表格中其他数据。文本型数据在单元格左上角有个绿色的三角形符号,默认的对齐方式为左对齐。文本型数据可以作为函数参数使用,但不可以参与数值计算。

在 Excel 表格里输入身份证号码、电话号码、编号等数据时,系统默认为数字型数据,这些数据将在表格中无法正常显示。输入这些数据时,应先输入英文状态下的单引号【'】,然后输入身份证号码,这些数据才能正常显示。

例如,输入电话号码时,先在单元格内输入单引号【'】,然后输入电话号码,数据能正常显示,如图 5-23 所示。

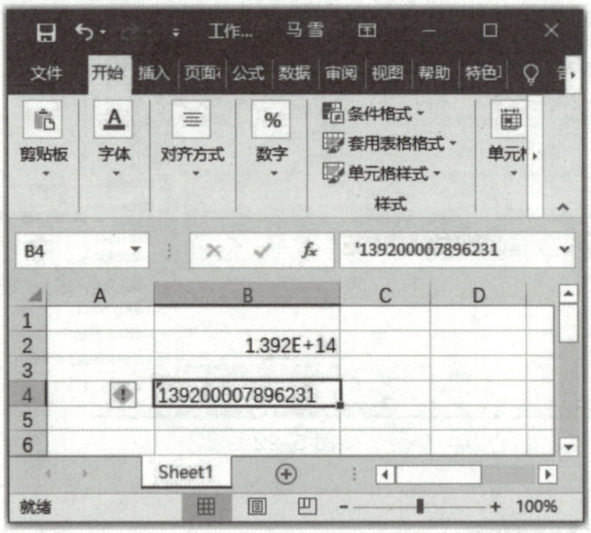

图 5-23

▶▶▶数字型数据

数字型数据包括常规、数值、货币、会计专用、日期等 12 种类型,数值可以是正数,也可以是负数。主要用于数值计算,如进行加减、求平均值等。除了数字外,某些特殊的符号也可以理解为数值,如百分号(%)、货币符号($)等。默认情况下,数字型数据的对齐方式为右对齐，输入的数字以【常规】方式显示。

设置数据类型方法有以下两种。

方法 1：右击单元格或单元格区域→弹出快捷菜单→选择【设置单元格格式】命令→弹出【设置单元格格式】对话框→在【数字】选项卡内选择想要的数字格式，如图 5-24 所示。

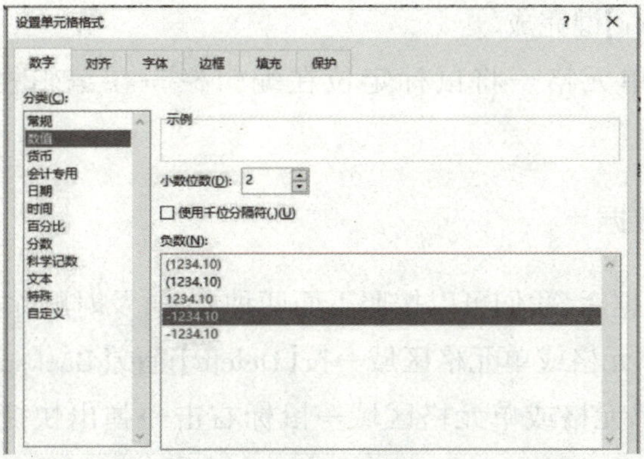

图 5-24

方法 2：选中单元格或单元格区域→切换到【开始】选项卡的【数字】组→选择数字格式，如图 5-25 所示。

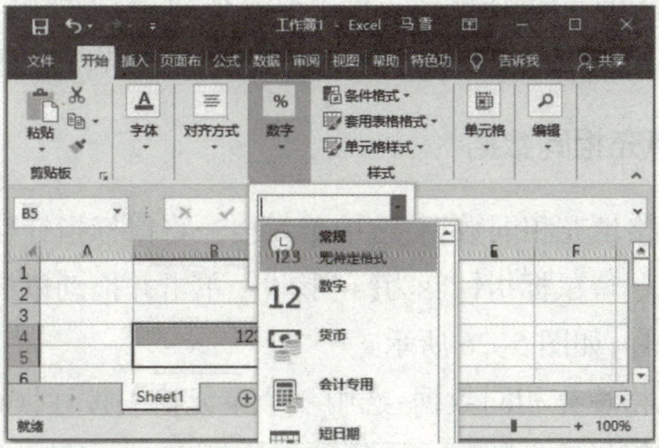

图 5-25

（二）修改与删除数据

▶▶▶修改数据

（1）修改单元格全部内容

方法 1：选中单元格→直接输入数据→按【Enter】键。原来的数据自动删除，系统自动保留新输入的数据。

方法 2:选中单元格→将鼠标定位在编辑栏→重新输入数据→按【Enter】键。原来的数据自动删除,系统自动保留新输入的数据。

(2)修改单元格部分内容

方法 1:双击单元格→单元格处于编辑状态→将鼠标定位在要修改的位置→修改数据→按【Enter】键完成。

方法 2:选中单元格→将鼠标定位在编辑栏→在编辑栏内修改数据→按【Enter】键完成。

▶▶▶删除数据

输入错误的数据后,我们可以按照下面两种方法,及时删除数据。

方法 1:选中单元格或单元格区域→按【Delete】键或【Backspace】键,即可删除。

方法 2:选中单元格或单元格区域→鼠标右击→弹出快捷菜单→选择【清除内容】。

(三)快速填充数据

快速填充数据功能是按住鼠标左键不放并拖动,来实现单元格或单元格区域内的数据快速填充。填充的数据可以是相同数据,也可以是序列数据。

▶▶▶快速填充相同数据

●在连续单元格填充相同数据:选中单元格→将鼠标指针移到单元格区域右下角→待鼠标指针变为【+】形状→单击并拖动鼠标至所需位置→释放鼠标,如图 5-26 所示。

●不连续单元格填充相同数据:选中一个单元格→按住【Ctrl】键的同时,选中其他单元格→在编辑栏输入数据→按住【Ctrl】键和【Enter】键→所有选中的单元格中都会出现相同数据。

▶▶▶快速填充等差数据(等比序列数据)

步骤:选中单元格区域→将鼠标指向填充柄→按住右键不放,并拖动至所需单元格→释放右键→弹出快捷菜单→选择【等差序列】命令或【等比序列】命令，如图 5-27 所示。

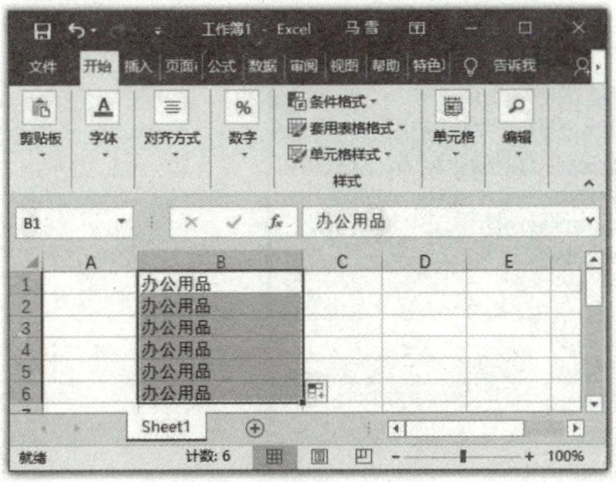

图 5-26

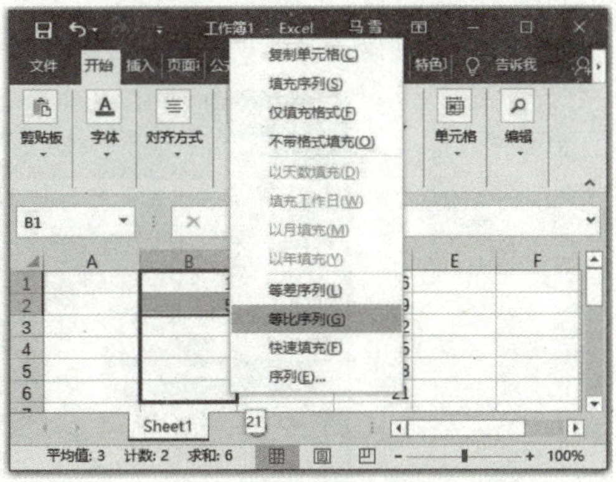

图 5-27

（四）输入日期

步骤 1：选中单元格→切换到【开始】选项卡→单击【数字】组下拉按钮→单击【启动器】按钮，如图 5-28 所示。

步骤 2：弹出【设置单元格格式】对话框→在【数字】选项卡选择【日期】→在【类型】里选择想要的日期格式→单击【确定】按钮，如图 5-29 所示。

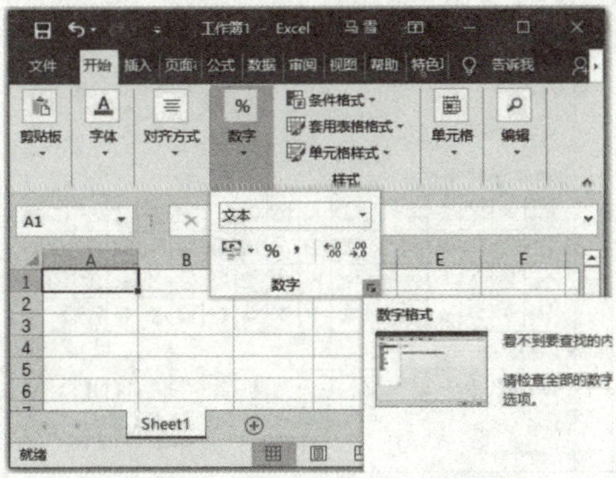

图 5-28

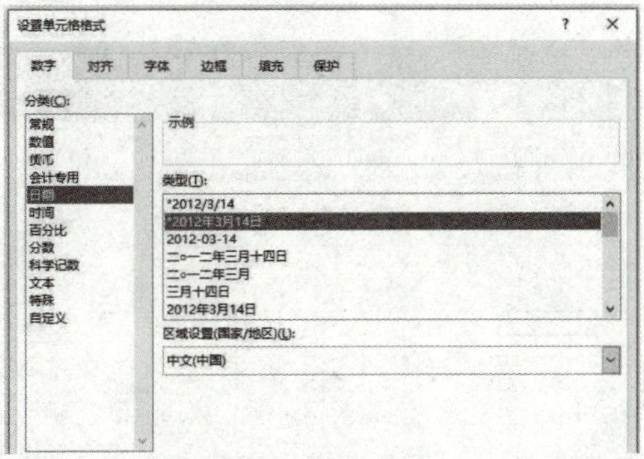

图 5-29

（五）输入【0】开头的数字

Excel 表格中，输入以【0】开头的数字时，系统自动删除【0】，仅显示后面的数字。例如，输入【012】，在表格中最后显示的是【12】。那么，如何才能输入以【0】开头的数字呢？

步骤：选中单元格→切换到【开始】选项卡→单击【数字】组下拉按钮→将下拉列表框设置为【文本】选项→输入【012】→按【Enter】键结束，如图 5-30 所示。

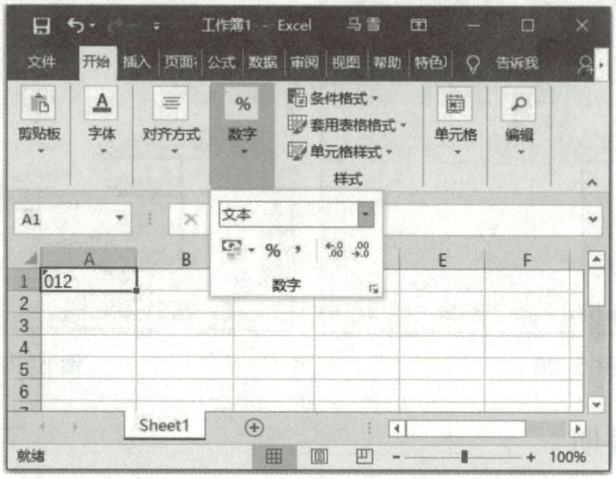

图 5-30

（六）输入特殊符号

步骤：选中单元格→切换到【插入】选项卡→单击【符号】组的【符号】按钮→弹出【符号】对话框→选择所需的符号→单击【插入】按钮，如图 5-31 和图 5-32 所示。

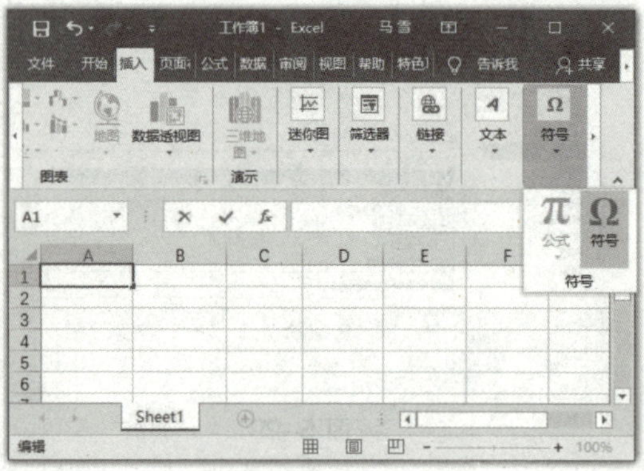

图 5-31

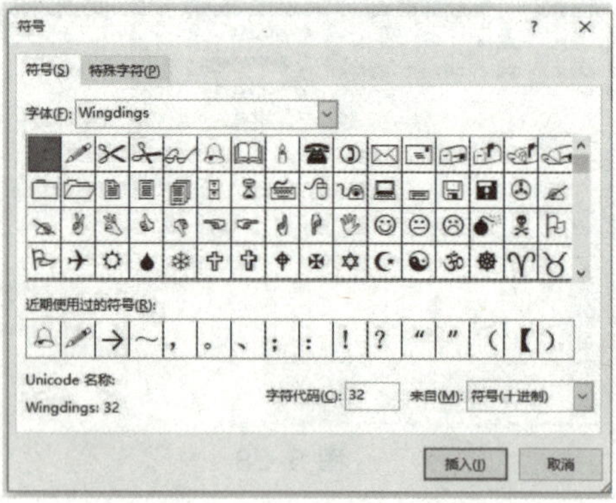

图 5-32

（七）输入【1-1】格式数据

在 Excel 直接输入【1-1】，系统会将其变为【1月1日】。输入【1-1】格式的数据方法如下。

步骤:选中单元格→切换到【开始】选项卡→点击【数字】组的下拉按钮→设置单元格格式为文本型。

六、使用公式与函数

公式是指对工作表中的数值进行计算和分析的等式,由数字、单元格引用、函数和运算符等组成,以【=】开头,后面是公式表达式。

运算符包括 4 种:算术运算符、比较运算符、文本连接运算符和引用运算符。

- 算术运算符:包括【+】【-】【*】【/】【%】【^】(乘方)。
- 比较运算符:包括【=】【>】【<】【≥】【≤】【≠】
- 文本连接运算符:【&】,用于将两个文本值连接起来产生 1 个连续文本值。
- 引用运算符:包括区域运算符【:】、联合运算符【,】、交叉运算符(空格)。

混合运算的公式中,若运算符优先级不同,需按照从高到低的顺序进行计算;若运算符优先级相同,按从左到右的顺序进行计算。

优先级顺序(从高到低):区域运算符【:】,交叉运算符(空格),联合运算符【,】,负数【-】,【%】,【^】(乘方),【*】或【/】,【+】或【-】,连字符【&】,【=】、【>】、【<】、【≥】、【≤】、【≠】。

(一)输入和审核公式

▶▶▶输入公式

步骤:选中单元格→在编辑栏或单元格输入公式→先输入【=】,再输入参与计算的数字、单元格引用、函数和运算符等→按【Enter】键结束。

下面以 Excel 表中 A 列数值与 B 列数值相加为例,具体介绍如何输入公式进行计算:

步骤 1:打开 Excel→选中【C1】单元格→在编辑栏输入【=A1+B1】→按【Enter】键。

步骤 2:【C1】单元格显示运算结果→将鼠标移到 C1 单元格的右下角,待鼠标变成【+】形状→按住鼠标左键并向下拖动,直至所有要进行相同运算的单元格→所有单元格将显示运算结果，如图 5-33 和图 5-34 所示。

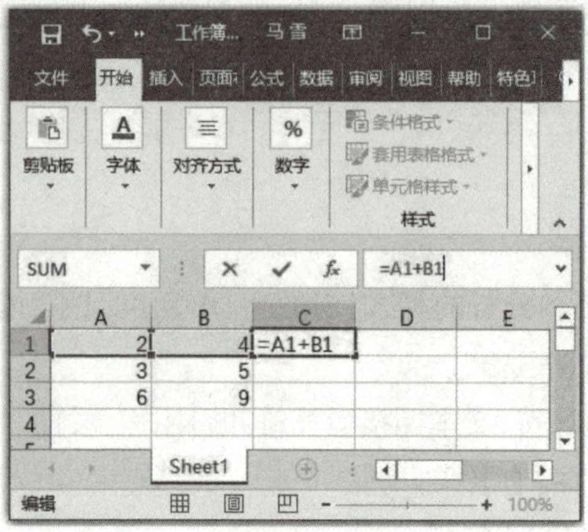

图 5-33

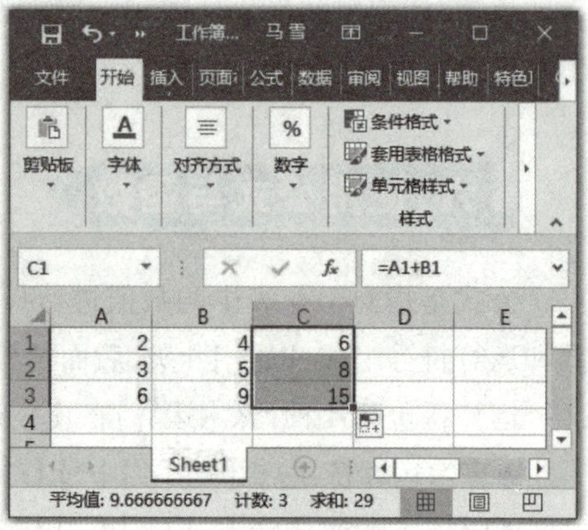

图 5-34

▶▶▶审核公式

如果 Excel 表格的公式出现错误，我们可以对公式进行检查和审核。

步骤：切换到【公式】选项卡→单击【公式审核】下拉按钮→选择【错误检查】按钮→弹出【Microsoft Excel】对话框→提示检查结果→单击【确定】按钮，如图 5-35 和图 5-36 所示。

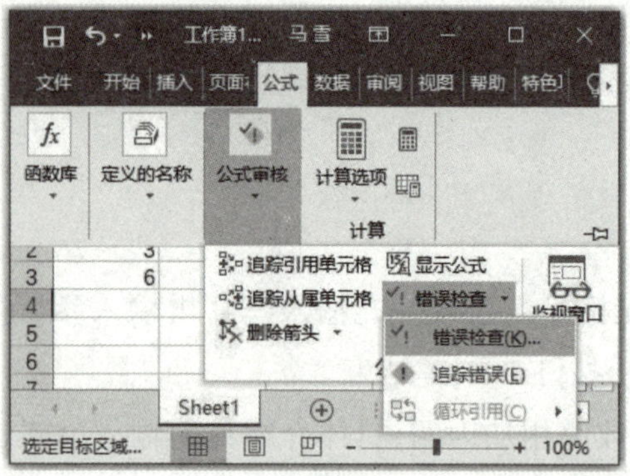

图 5-35

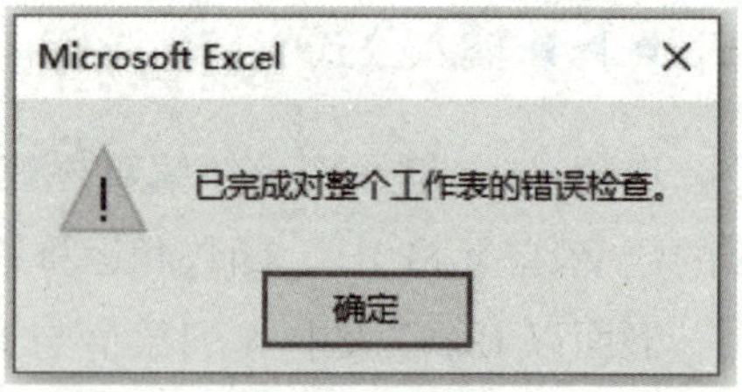

图 5-36

(二)复制与删除公式

▶▶▶复制公式

如果想把单元格的公式复制到其他单元格中，我们可以选择下面两种方法。

方法 1:选中要复制公式的单元格→按住【Ctrl+C】组合键→选中要粘贴的单元格→按住【Ctrl+V】组合键。

方法 2:选中要复制公式的单元格→将鼠标指向该单元格右下角→待鼠标指针变成【+】字形→按住鼠标左键并向下拖动,直至目标单元格→释放鼠标。

▶▶▶删除公式

步骤:选中单元格→按【Delete】键。

(三)自动求和

步骤:选中单元格→切换到【公式】选项卡→点击【函数库】下拉按钮→选择【自动求和】命令→按【Enter】键,如图 5-37 和图 5-38 所示。

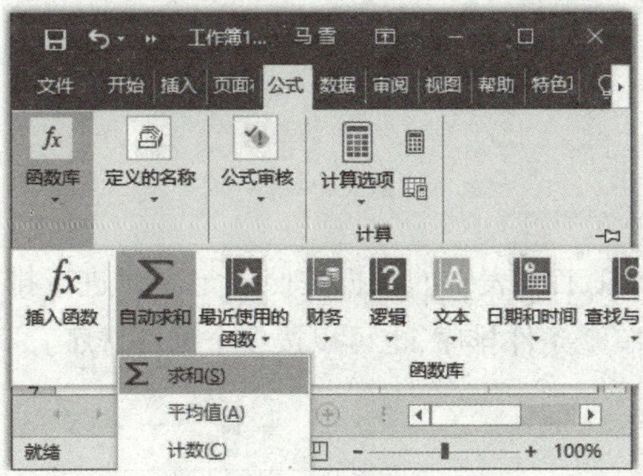

图 5-37

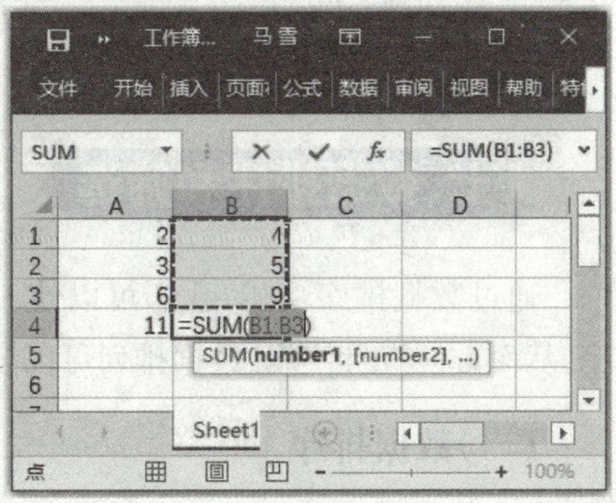

图 5-38

(四)输入函数

下面以从一列数值中选出最大值为例,详细介绍如何输入函数。

方法 1:选中要插入函数的单元格→在编辑栏中点击【插入函数

符号】→弹出【插入函数】对话框→在【选择函数】下拉列表框，选择【MAX】选项→点击【确定】按钮→弹出【函数参数】对话框→单击【确定】按钮。

方法 2：选中要插入函数的单元格→切换到【公式】选项卡→点击【函数库】组的下拉按钮→选择【插入函数】命令→弹出【插入函数】对话框→在【选择函数】下拉列表框，选择【MAX】选项→点击【确定】按钮→弹出【函数参数】对话框→单击【确定】按钮，如图 5-39 和图 5-40 所示。

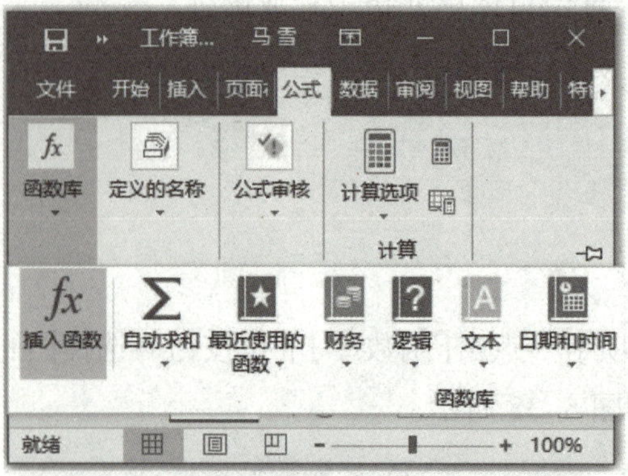

图 5-39

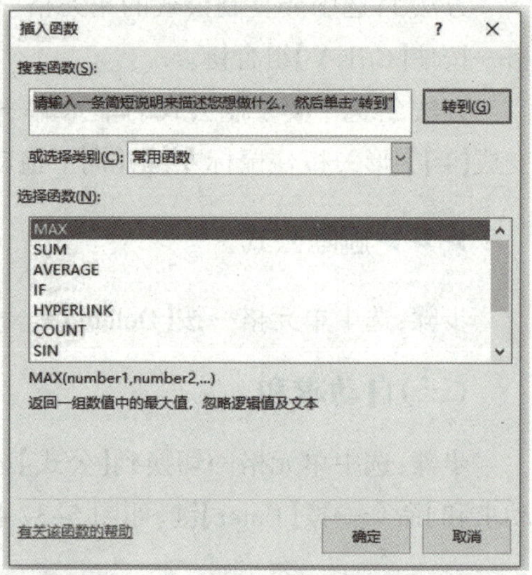

图 5-40

七、数据排序和筛选

通过数据排序功能，我们可以使 Excel 工作表中的数据按照一定规律进行排序，从而方便查看使用。数据排列可以按单个条件排序，也可以按多个条件排序。

（一）数据排序

▶▶▶按单个条件排序

单个条件排序包括两种：升序排列和降序排列。升序排列是指对选中的数据按照从小到大的顺序进行排列。降序排列是指对选中的数据按照从大到小的顺序进行排列。按单个条件排序的具体方法如下。

方法 1:选中要进行排序的数据列中任意单元格→切换到【数据】选项卡→点击【排序与筛选】选项组的【升序】或【降序】按钮→弹出【排序提醒】对话框→单击【排序】按钮,如图 5-41 所示。

方法 2:选中要进行排序的数据列中任意单元格→单击鼠标右键→弹出快捷菜单→选择【排序】命令→弹出子菜单→选中【升序】或【降序】命令,如图 5-42 所示。

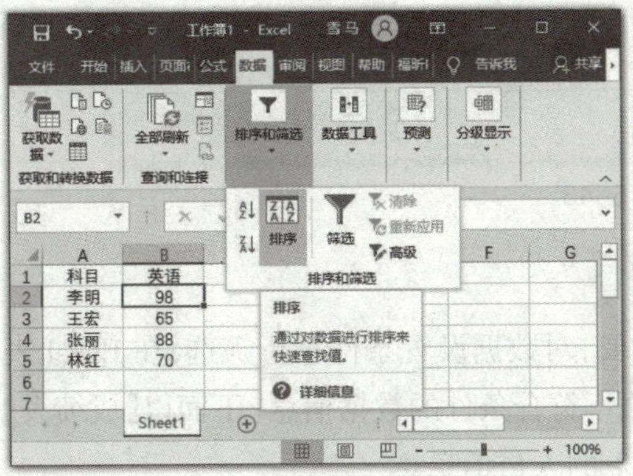

图 5-41

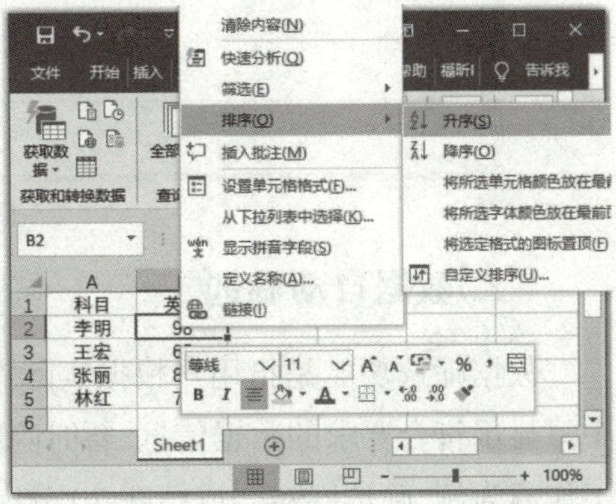

图 5-42

►►►按多个条件排序

按多个条件排序是指对选中的数据按照多个条件进行排序,使数据更加清晰明了。排序方法和按一个条件排序的方法相似。下面以成绩表为例,按【英语】和【语文】进行升序排列。

步骤 1:选定工作簿的全部数据区域→切换到【数据】选项卡→点击【排序和筛选】组的【排序】按钮。

步骤 2:弹出【排序】对话框→在【主要关键字】下拉列表框中选择【科目】,在【排序依据】下拉列表框中选择【单元格值】,在【次序】下拉列表框中选择【升序】。

步骤 3:单击【添加条件】按钮→在【次要关键字】下拉列表框中选择【成绩】,在【排序依据】下拉列表框中选择【单元格值】,在【次序】下拉列表框中选择【降序】→点击【确定】按钮,如图 5-43 所示。

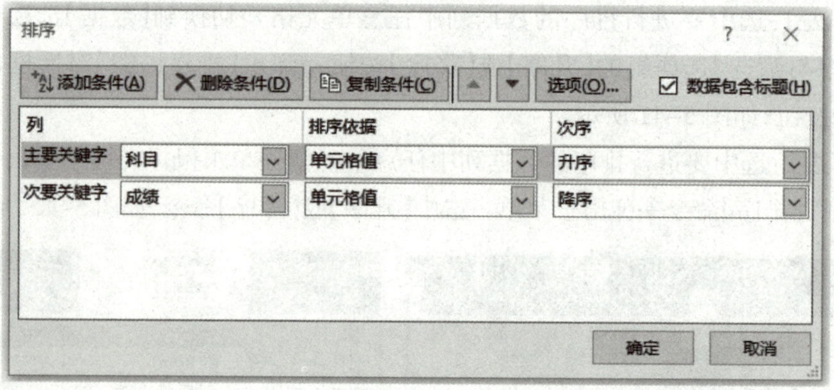

图 5-43

(二)数据自动筛选

数据筛选功能是指用户根据实际需要,对数据设置条件进行筛选,在 Excel 表中只显示符合要求的数据信息,暂时隐藏不符合条件的数据信息。下面以【成绩表】工作簿为例,筛选【数学】成绩在 70 分以上的人员信息。

步骤 1:选定工作表数据区域→切换到【数据】选项卡→单击【排序和筛选】组的【筛选】按钮。

步骤 2:单击要进行筛选的字段名右侧的下拉按钮(数学右侧下拉按钮)→弹出下拉列表,选择要筛选的选项(勾选 82 和 97 选项)→单击【确定】按钮,如图 5-44 所示。

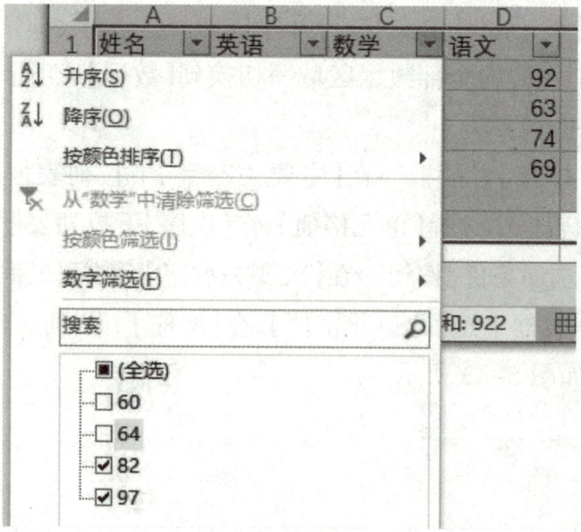

图 5-44

[小提示]

显示被隐藏的数据信息方法是:选定工作表数据区域→切换到【数据】选项卡→单击【排序和筛选】组的【筛选】按钮,即可显示全部数据。

八、常见问题与解决办法

(一)单元格如何设置自动换行

如果单元格输入的内容太多,需要设置自动换行,才能在单元格里显示全部信息。

步骤:选中单元格→切换到【开始】选项卡→单击【对齐方式】下拉按钮→选择【自动换行】按钮即可,如图 5-45 和图 5-46 所示。

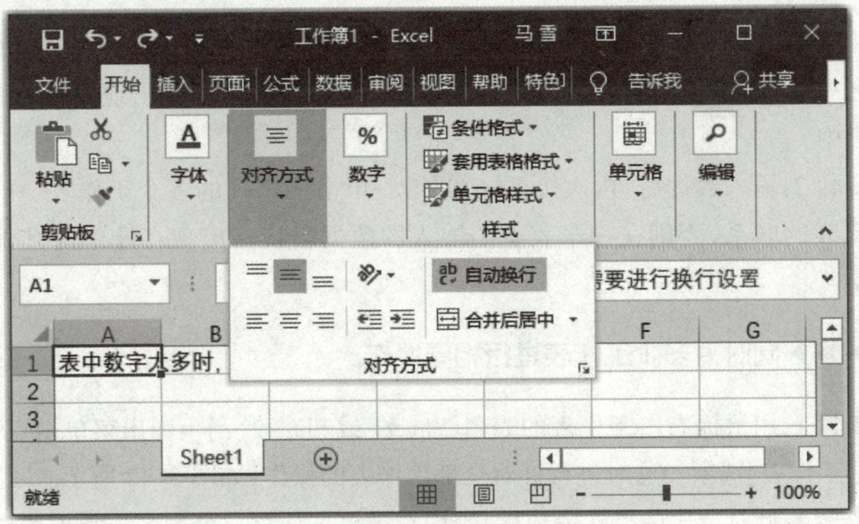

图 5-45

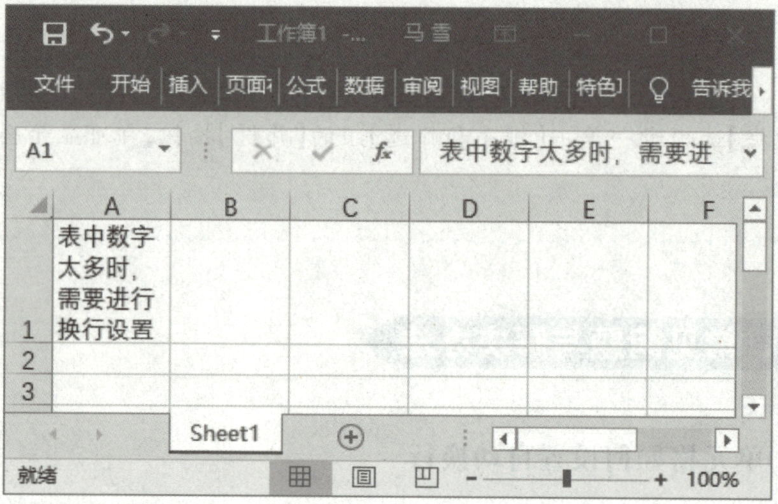

图 5-46

(二)如何在多个工作表输入相同数据和进行相同操作

▶▶▶将多个工作表同一位置填入相同数据

步骤 1:选中一张工作表→按住【Ctrl】键→单击选择需要输入相同内容的工作表表名→在其中任意一个工作表中输入数据→这些数据会自动出现在选中的其他工作表中。

步骤 2:输入数据后,再次按下【Ctrl】键→单击所选择的多个工作表→解除这些工作表的联系,否则在一张表单中输入的数据会接着出现在选中的其他工作表内。

▶▶▶同时对多个工作表进行相同操作

步骤 1:用鼠标右击工作表的表名【Sheet1 或 Sheet2…】→弹出菜单→点击【选定全部工作表】选项→这时进行针对全部工作表的操作,如图 5-47 所示。

步骤 2:针对全表的操作完成后,需用右键单击任意一个表名→弹出菜单→点击【取消组合工作表】选项,即可解除对全表的操作,如图 5-48 所示。

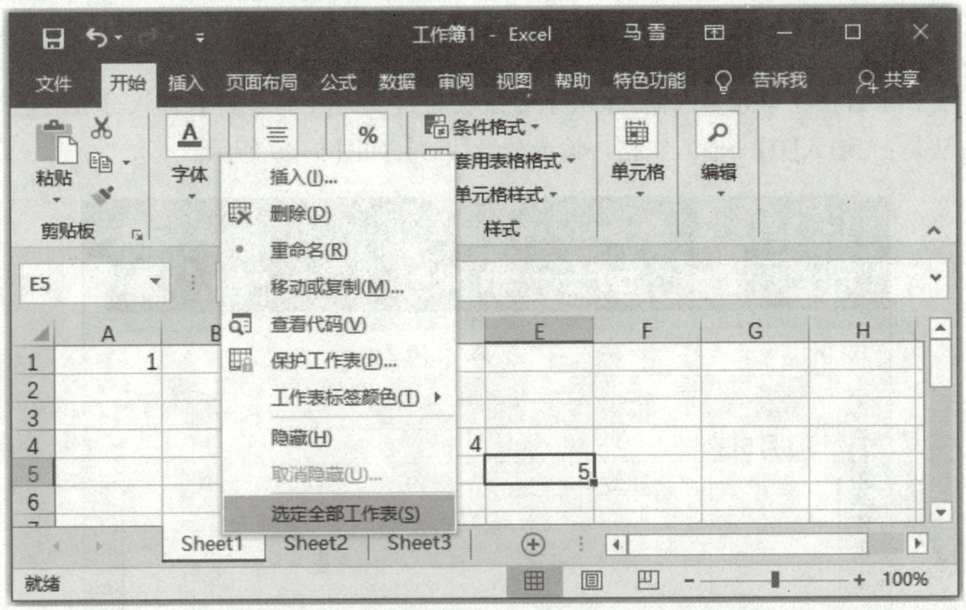
工作簿1 - Excel
马雪
文件
开始
插入
页面布局
公式
数据
审阅
视图
帮助
特色功能
告诉我
共享
粘贴
字体
条件格式
套用表格格式
单元格样式
样式
单元格
编辑
剪贴板
E5
插入(I)...
删除(D)
重命名(R)
移动或复制(M)...
查看代码(V)
保护工作表(P)...
工作表标签颜色(T)
隐藏(H)
取消隐藏(U)...
选定全部工作表(S)
Sheet1
Sheet2
Sheet3
就绪
100%

图 5-47

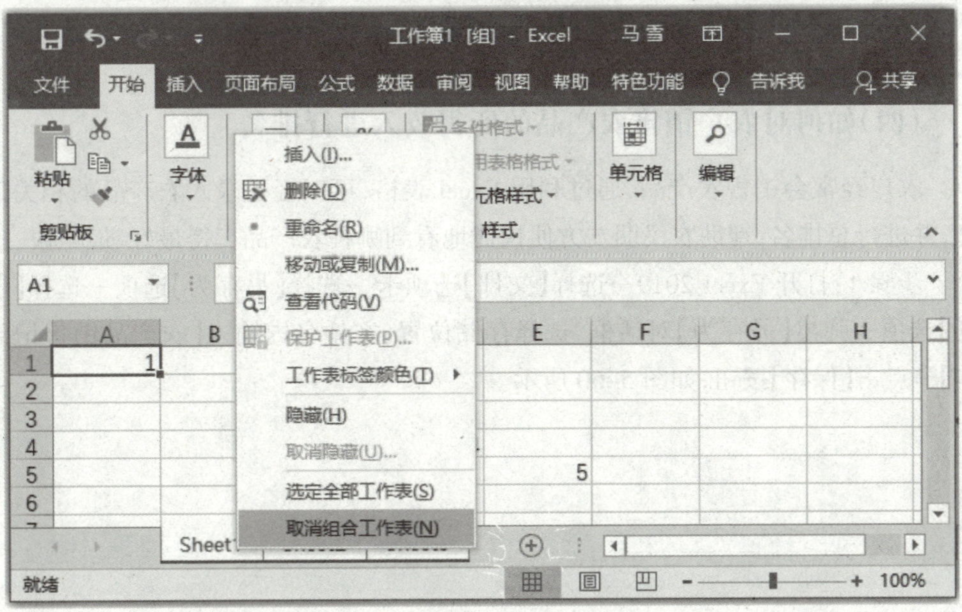
工作簿1 [组] - Excel
马雪
文件
开始
插入
页面布局
公式
数据
审阅
视图
帮助
特色功能
告诉我
共享
粘贴
字体
样式
单元格
编辑
剪贴板
A1
插入(I)...
删除(D)
重命名(R)
移动或复制(M)...
查看代码(V)
保护工作表(P)...
工作表标签颜色(T)
隐藏(H)
取消隐藏(U)...
选定全部工作表(S)
取消组合工作表(N)
就绪
100%

图 5-48

(三)如何在 Excel 表中输入分数

如果直接在单元格内输入【1/5】,系统会将其变为【1 月 5 日】。输入分数的正确方法是:先输入【0】→输入空格→输入分数【1/5】,如图 5-49 所示。

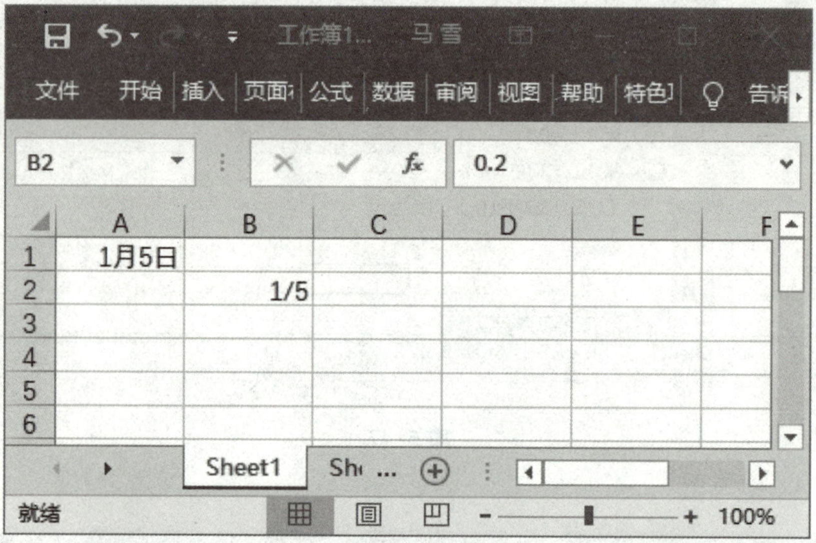

图 5-49

(四)如何对农户销售农产品的所得收入进行排名

农户经常会销售农产品,通过利用 Excel 表格,可以轻松录入农产品的相关信息,并进行总排名,帮助农民朋友方便快捷地看到哪种农产品卖得最好、最赚钱。

步骤 1:打开 Excel 2019→选择【文件】选项卡→选择【另存为】选项→选择【浏览】选项→弹出【另存为】对话框,选择存储位置,文件名内输入【农产品销售记录本】→点击【保存】按钮,如图 5-50 所示。

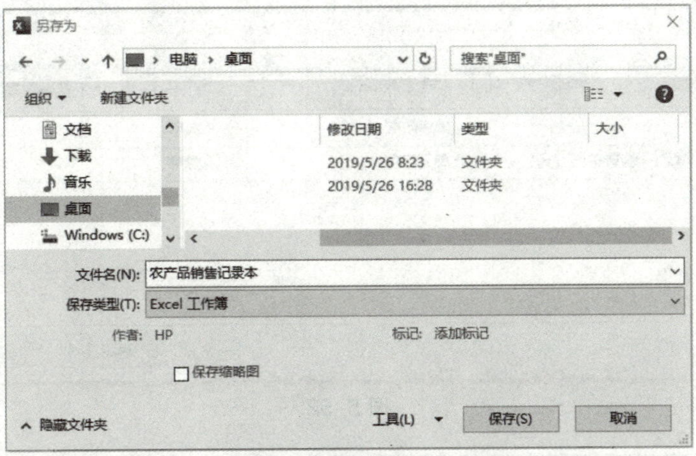

图 5-50

步骤 2:选中单元格,从左到右依次输入【编号】【日期】【农作物名称】【销售总额(元)】4 项标题以及具体内容,如图 5-51 所示。

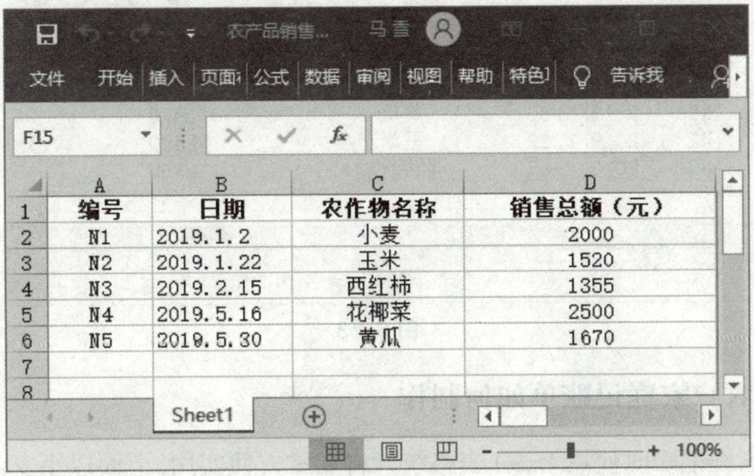

图 5-51

步骤 3:选中整个表格→切换到【数据】选项卡→选择【排序】命令→弹出【排序】对话框→【主要关键字】里选择【销售总额(元)】,【排序依据】里选择【单元格值】,【次序】里选择【降序】→整个表格显示则按【销售总额(元)】降序排列,如图 5-52 和图 5-53 所示。

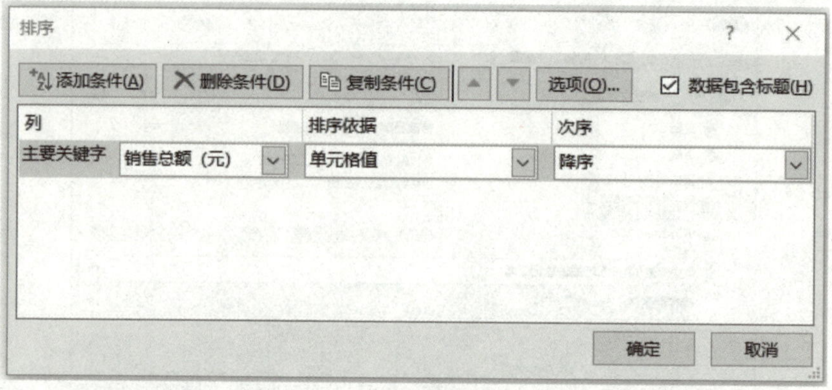

图 5-52

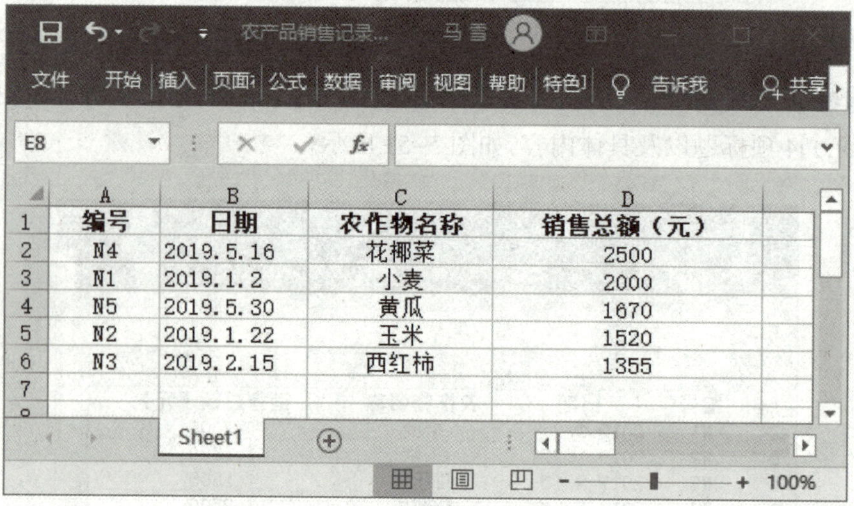

图 5-53

（五）农户家庭记账单如何制作

农户家庭记账时使用 Excel 表格统计将非常方便实用。下面以小麦为例，详细介绍记账单的操作方法。

步骤 1：打开 Excel 2019→选择【文件】选项卡→选择【另存为】选项→选择【浏览】选项→弹出【另存为】对话框，选择存储位置，文件名输入【农户家庭记账本】→点击【保存】按钮。

步骤 2：选中单元格，从左到右依次输入【日期】【支出内容】【支出费用（元/亩）】【卖出小麦（元/亩）】【纯收入（元/亩）】5 项标题以及具体内容，如图 5-54 所示。

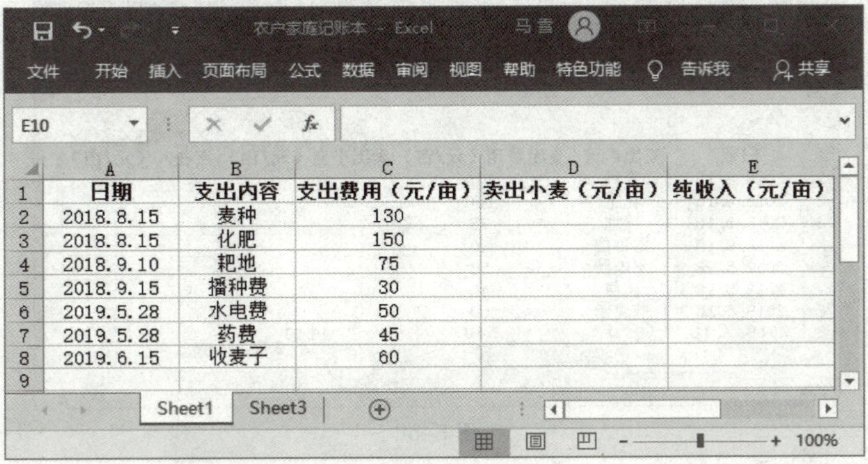

图 5–54

步骤 3：选中【C9】单元格→切换到【公式】选项卡→点击【函数库】下拉按钮→选择【自动求和】命令→按【Enter】键→【C9】单元格自动显示【C2】到【C8】的数值总和，如图 5–55 所示。

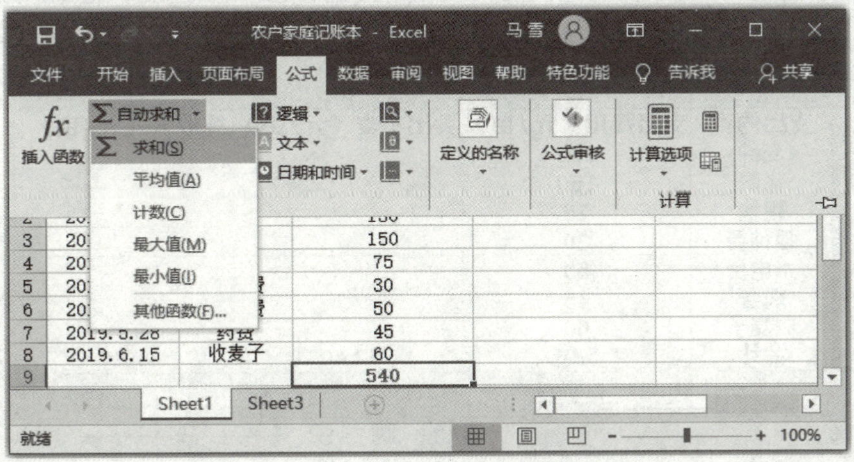

图 5–55

步骤 4：选中【A9】单元格，输入【2019.7.15】→选中【B9】单元格，输入【合计】→选中【D9】单元格，输入卖出小麦所得收入【1140】，如图 5–56 所示。

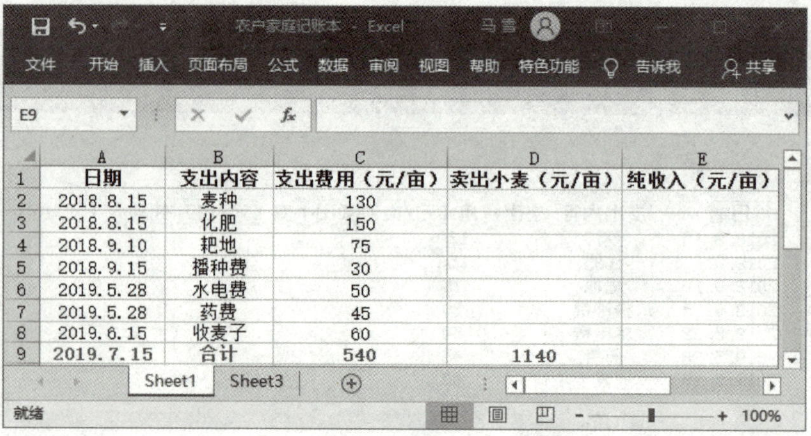

	A	B	C	D	E
1	日期	支出内容	支出费用（元/亩）	卖出小麦（元/亩）	纯收入（元/亩）
2	2018.8.15	麦种	130		
3	2018.8.15	化肥	150		
4	2018.9.10	耙地	75		
5	2018.9.15	播种费	30		
6	2019.5.28	水电费	50		
7	2019.5.28	药费	45		
8	2019.6.15	收麦子	60		
9	2019.7.15	合计	540	1140	

图 5-56

步骤 5：选中【E9】单元格→在【函数栏】输入【=D9-C9】→【E9】单元格显示纯收入为 600 元/亩，如图 5-57 所示。

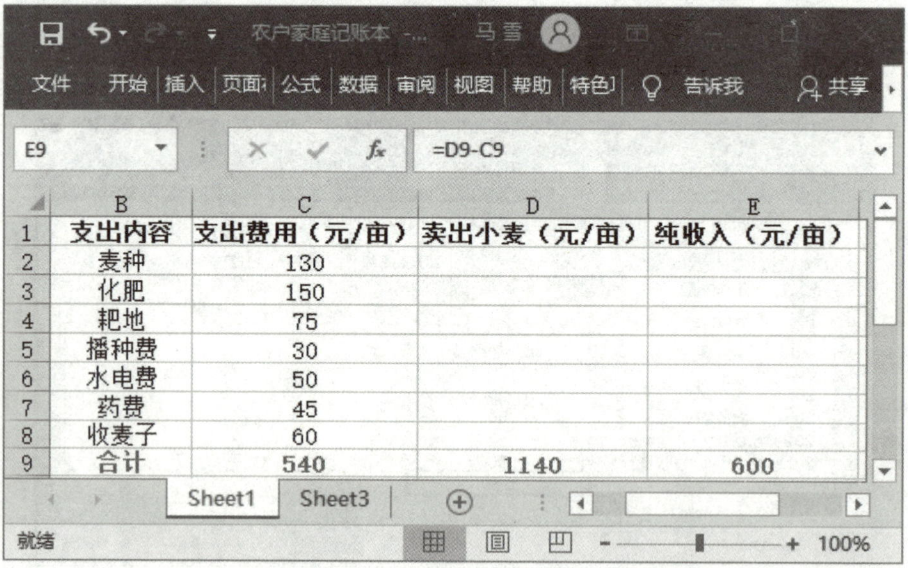

	B	C	D	E
1	支出内容	支出费用（元/亩）	卖出小麦（元/亩）	纯收入（元/亩）
2	麦种	130		
3	化肥	150		
4	耙地	75		
5	播种费	30		
6	水电费	50		
7	药费	45		
8	收麦子	60		
9	合计	540	1140	600

图 5-57

第六章

办公自动化系统（OA）

办公自动化系统是针对企业组织的日常工作和管理制定的一套满足员工及管理者上传下达、便于组织管理的应用系统。它利用IT技术，优化管理组织结构，提高工作效率与协同办公能力。它成为企业组织日常工作和管理时使用频率最高的、不可缺少的核心应用系统。同时可推行一种无纸化办公模式。

一、办公自动化系统概述

（一）基本概念

办公自动化系统（Office Automation System，简称 OA 系统）就是采用 Internet/Intranet 技术，基于工作流概念建立的一个全面、系统的办公平台，是实现办公自动化的工具。它可使组织内部人员方便快捷地共享信息，高效协同工作，以及改变以往复杂、低效的手工办公方式，实现迅速、全方位的信息采集、处理，为组织管理和决策提供科学依据。

1985 年，中国专家在国内召开的第一次全国办公自动化规划讨论会上提出办公自动化的定义为：利用先进的科学技术，使部分办公业务活动物化于人以外的各种现代化办公设备中，由人与技术设备构成服务于某种办公业务目的的人—机信息处理系统。自此以后，办公自动化系统的完善程度作为衡量企业现代化管理的标准之一。办公自动化系统不仅能够提高个人办公效率，更能够实现组织群体协同工作，通过互联网，实现快速、准确、丰富的沟通与协调，突破时间与空间的限制，更好更快地将工作传达到每一位人员。

（二）功能简介

企业的管控环节包括：事前规划预测、事中执行监控、事后分析优化。企业的管控系统是一个循环体系，它为更好地实现各个管控环节，还要进行目标制定、分解执行落地、执行中资源协助、执行后分析优化。不管是流程管理、知识管理还是目标绩效、计划任务管理，归根结底都聚焦到执行者身上，得出是以人为中心的协同运营系统。这个系统需要清楚准确地传达出它的工作体系是怎样的、目标是什么、流程是什么、怎么执行、所需资源来源于哪里，以及怎样得出更优的解决办法。这个执行过程通过各个功能模块来实现，将支撑着企业各项事务的落地与效果。

办公自动化系统的系统功能，如表 6-1 所示。

表 6-1　办公自动化系统功能

模块类别	模块名称	系统功能
个人办公	邮箱管理	个人办公是电子协作的基础,按照单位的组织结构实现日程透明安排、上级领导可以查询下级的日程,也可以给下级安排待办事宜,而电子邮件是电子协作的基础
	个人日志	个人日志可根据个人工作进度,安排工作节点,设置提醒服务,防止工作事务的遗漏
	沟通工具	沟通工具可嵌入办公自动化系统内,也可使用当下便捷的手机、电脑可切换的软件,方便公司内部实时沟通,如QQ、微信、钉钉等
公文系统	收文系统	收文系统可实现公文上报、登记、拟办、中转、转发、处室拟办、领导审核、承办单位办理、归档、相关单位查询公文等。在系统中特别注重数字化数据的一次性录入,减少重复劳动,提高办公效率
	发文系统	发文系统主要完成发文所涉及的一系列操作:处室拟稿领导审签、文字初审、文字复审、领导签发、文书印发等。在系统中特别注重数字化数据的一次性录入,减少重复劳动,提高办公效率。系统对发文的整个流程进行跟踪,详细记录公文的当前状态、发文审核的过程和领导审签、签发意见,并且系统还提供强大的痕迹保留功能
	档案管理	档案管理是指对从各个子系统中归档过来的文档进行管理、查询以及借阅的权限控制。档案管理具有高度的保密性,管理员可以设置每一类文档的安全策略。同时系统还拥有完善的借阅制度,没有查看权限但有借阅权限的用户在申请借阅文档时,系统会根据用户选择自动生成借阅申请,管理员有权同意或拒绝借阅;超过借阅期限,借阅文档会被自动收回。系统还能够定期自动或手动对某个人的借阅次数、借阅档案数量,某一类或某一个档案文件的被借阅次数、被借阅频率等进行统计
请示报告	事务流程	这一模块是各部门经由办公室(或别的职能部门)向单位领导请示、报告工作的途径。请示报告系统的主要目的是利用计算机网络辅助办公室对各部门的请示报告进行登记、提交、信息反馈、查询、统计工作。从而实现各部门请示报告的生成、部门意见的签署、办公室拟办意见的签署和领导批示等全过程的网上作业;实现流程的实时监控,保证请示报告单的安全、快速运转
会议管理	会议题库	建立会议议题库,会议起草部门可以方便地查询、组织会议议题,确保议题尽快得到处理。会议分类功能:管理员在会议配置中设置会议种类和应对的工作,根据会议的种类,系统会自动选择相应的流程
	会议室管理	会议室申请、查询功能:会议组织者可以查询和预定会议拟召开期间可用的会议室,从而确定会议地点;同时确保会议室资源的合理、充分使用;用户可以直接切换到会议室管理中查看所有会议室的占用情况、预定会议室
	参会人员管理	与会人员的日程协调:负责安排的人员可以查询会议拟召开期间是否和与会人员的日程安排冲突,并将冲突的事由列表,方便组织者确定会议时间
	会议通知实时反馈	提供了对会议通知单反馈信息的实时跟踪,即系统通过待办事宜系统发出会议通知单。用户对会议通知单的反馈信息包括:查看、反馈等,这些实时信息有助于管理者动态掌握会议安排

(待续)

续表

模块类别	模块名称	系统功能
计划管理	事前管理	主要是对“计划”的审核。企业依据各项基础性条件，编制各项、各类企业经营活动计划书，对计划书的可行性、可靠性形成审核体系，保证审核效果，从而确保计划的可行、可靠
	事中管理	主要是对“计划”执行体系工作效率的管理。对计划执行过程中出现的各类偏差，首先要做到超前预测，其次是做到措施有效，对执行效果的跟踪是“事中”管理的主要工作，从而确保计划执行的效率
	事后管理	主要是对“计划”实施完毕后的绩效考核、总结经验、吸取教训、汇编材料、归档备案
资源管理	办公用品	资源管理使得办公用品、图书和期刊、车辆管理、固定资产管理、人事管理等资源的保管与使用更加透明化，优化最佳库存，保证资源的合理、充分使用，降低公司运营成本，提高工作效率
	图书和期刊	
	车辆管理	
	固定资产管理	
	人事管理	
行政管理	规章制度	规章制度模块可实现一人维护，全系统人员共享，方便制度的调取、存档，实现公司规范化管理
	考勤管理	考勤管理包括考勤记录、外勤管理等，便于与绩效管理相挂钩，量化考核指标
	报销管理	预算报销管理可实现费用管控；同时实现实时提交，避免记忆断点；由系统执行默认报销流程，减少审核环节、降低人力成本；协助留痕工作的执行，提升报销效率

（三）五大特性

办公自动化系统建立的是一个安全、可靠、可开发、高效的信息网络系统，为组织提供现代化日常办公条件及丰富的综合信息。从而实现档案管理自动化；实现日常业务工作的规范化、电子化、标准化；增强文件留档、财务留档等档案材料的可管理性；信息在线查询、借阅的及时性；最终实现“无纸化”办公。

办公自动化系统强调办公时的便捷、高效，作为办公软件应具备五大特性：易用性、健壮性、开放性、严密性和实用性。

▶▶▶易用性

办公自动化系统作为办公基础性软件，最初始的要求即易于使用，因为使用对象为全体成员，所以软件必须通俗易懂、便于学习、涉及面广，能够被全体成员所接受和认可。如果易用性不强，将会导致软件使用效率低下，组织成员产生厌烦情绪，制度落地也就成为空谈。目前大多办公自动化软件都采用网页风格,涉及的应用十分全面,且一目了然,基本无须培训,便可轻松掌握软件功能。

▶▶▶健壮性

健壮性又称鲁棒性,是指软件对于规范要求以外的输入情况的处理能力。所谓健壮的系统是指对于规范要求以外的输入能够判断出这个输入不符合规范要求,并能有合理的处理方式。针对集团型企业、超大规模的用户成员使得软件的稳定性成为重中之重,由于办公自动化系统面向全体成员,所以软件必须具备超大用户、高并发应用的稳定性,不能出现任何小问题,否则将会导致整个集团软件网络瘫痪,造成不可估量的损失。

办公自动化系统一般采用网页风格,是其最大限度提升软件健壮性的一种有效手段,这样使得决定软件的效率因素由平台本身转变为电脑的硬件和网速,从自身因素转变为外界因素,将大大提升系统健壮性能力。

▶▶▶开放性

开放性是指软件能够与其他系统软件完成关联,不用更改该软件系统的源代码,实现整合应用。管理"落地"在现实管理中渗透到管理的各个方面,而没有哪一套软件能够独立的完成所有方面的管理需求。所以,支撑制度"落地"的软件必须具备全面而广泛的整合性,能够从其他软件系统中自动获取相关信息,并完成必要的关联性整合应用。

同时,办公自动化系统的功能实现不仅需要技术的支撑,还涉及对管理业务的理解、整合,通过对组织架构的设计、考核指标的理解,实现系统平台功能模块的设计与关联,因此涉及研发团队和结构设计团队的共同配合。

▶▶▶严密性

办公自动化系统不仅要实现组织集体的功能,还要满足个人的个性化使用功能,"用户、角色、权限"三维管控还不够,还需要同时实现信息数据的大集中与小独立的和谐统一,满足全面的门户功能,实现"用户、角色、权限、数据"的四维管控。例如,一个集团型企业,从制度实现的需求角度,一方面必须建立统一的信息平台,实现公共信息的共享与传输;另一方面必须满足各个子公司部门相对独立的信息空间，满足在未达成共识情况下的过程讨论稿件的共享与传输。通过权限分配实现严密的分级设置模式，彻底实现真正的门户应用。

▶▶▶实用性

办公自动化系统的使用用户是组织的每位成员，因此软件功能必须与管理实务紧密结合，必须适应组织管理发展的要求，否则不仅不能简化工作流程，反而为组织增加负担。支撑制度落地的办公自动化系统一般采用标准化平台的模式，同时在标准化的基础上，提供可开发的、强大的自定义功能，实现80%标准化+20%个性化的绝配，如此便能同时具备项目化、产品化和平台化的优点。

现实中，许多系统既部署了标准化的软件工具，又设定了大量的自定义工具，包括：首页门户的自定义、知识管理平台、工作流程平台、自定义模块平台、自定义关系平台，以及大量的设置和开关与支持以上模块定义的基础自定义内容，如数据表自定义、表单自定义、频道自定义等，通过这些功能或工具，让企业对系统的控制力大大加强，在日常的使用中不再过分依赖软件开发商，能够让系统迅速适应管理的变革。

（四）发展历程及前景

▶▶▶起步阶段（1985—1993年）

办公自动化系统的起步阶段是以结构化数据处理为中心，基于文件系统或关系型数据库系统，使日常办公也开始运用IT技术，提高了文件等资料管理水平。这一阶段实现了基本的办公数据管理（如文件管理、档案管理等），但普遍缺乏办公过程中最需要的协作支持、文档资料的综合处理等，导致应用效果不佳。

▶▶▶应用阶段（1993—2002年）

随着组织规模的不断扩大，组织越来越希望能够打破时间、地域的限制，提高整个组织的运营效率，同时网络技术的迅速发展也促进了软件技术发生巨大变化，为办公自动化系统的应用提供了基础保证。这个阶段办公自动化系统的主要特点是以网络为基础、以工作流为中心，提供了文档管理、电子邮件、目录服务、群组协同等基础支持，实现了公文流转、流程审批、会议管理、制度管理等众多实用的功能，极大地方便了员工工作，规范了组织管理、提高了运营效率。

▶▶▶发展阶段

办公自动化系统应用软件经过多年的发展已经趋向成熟,功能也由原先的行政办公信息服务,逐步扩大延伸到组织内部的各项管理活动环节,成为组织运营信息化的一个重要组织部分。同时市场和竞争环境的快速变化,使得办公应用软件应具有更高更多的内涵,客户将更关注如何方便、快捷地实现内部各级组织、各部门以及人员之间的协同、内外部各种资源的有效组合,为员工提供高效的协作工作平台。

▶▶▶晋升阶段

移动互联网的高速发展,越来越多的应用都转移到移动智能终端中,人们也渐渐习惯在智能终端上工作,企业迫切需要一套随时、随地、随手使用的办公自动化系统,使得企业的管理人员、业务人员不管置身何地,都可以随意地协同办公。于是移动办公自动化系统出现也成了必然,成为办公自动化系统应用软件的发展方向。

二、办公自动化系统的主要功能

(一)个人办公

个人办公是电子协作的基础,按照企业的组织架构实现日常事务的透明化、高效化。一般个人办公主要实现三大功能:邮箱管理、个人日志、沟通工具。电子邮件是电子协作的基础;个人日志为使用者提供个性化的提醒与服务;沟通工具实现便捷的实时交互。

●邮箱管理:电子邮件是一种用电子手段提供信息交换的通信方式,是互联网应用最广的服务,也是电子协作的基础。通过网络的电子邮件系统,用户可以以非常低廉的价格、非常快速的方式与世界上任何一个角落的网络用户联系。目前,电子邮件可以是文字、图像、声音等多种形式,同时还可以收到大量的免费新闻、专题邮件等公共信息资源。这种方式不仅实现了信息的共享与传输,还促进了社会的发展。

●个人日志:个人日志是使用者对自己每日的日程安排、进度提醒、计划与总结等工作的记录,一方面记录日常事务,另一方面防止工作事务的遗漏,该模块可以设置为公开或隐私。部分组织将个人日志部分设定为企业工作日志,记录员工每日工作内容与进度,便于周期性考核,也可防止责任划分不清。

●沟通工具:沟通工具是为实时通话设定的,可嵌入办公自动化系统内,也可借助当下较为方便的沟通软件,如QQ、微信、钉钉等。一般需要涉密的企业都会设立独立的沟通软件,在满足企业成员使用的同时,保证企业信息的私密性、安全性。

(二)公文系统

随着办公自动化的普及,越来越多的公文撰写基本上都是先完成电子版,再打印传达,因此,将公文的电子版进行归档与传统方法相结合,可以在几乎不增加额外工作量的前提下,对公文的管理、查找、维护工作起到大大的改善效果。公文系统一般包括:收文系统、发文系统、档案管理三大功能。这些功能实现了对收文登记、发文拟稿、文稿审批、催办、传阅、印刷、交换、统计、归档和销毁等公文处理环节进行全面的信息化管理。通过实现对公文处理和管理的全过程化,可以把组织成员从烦琐的公文收发事务中解放出来,全面提高办公管理水平和工作效率。

●收文系统:详见表6-1。

●发文系统:详见表6-1。

●档案管理:详见表6-1。

(三)请示报告

在企业中,请示报告的事项可以说数不胜数,大到方案的制订,小到印章的使用,在如此频繁的来往业务中,如何使得效率最大化显得尤为重要。办公自动化系统的使用,可大大缩短文件传输过程的时间,提高决策效率。

●请示报告系统的主要目的是利用计算机网络辅助办公室对各部门的请示报告进行登记、提交、信息反馈、查询、统计工作。从而实现各部门请示报告的生成、部门意见的签署、办公室拟办意见的签署和领导批示等全过程的网上作业;实现流程的实时监控,保证请示报告单的安全、快速运转。

(四)会议管理

一次会议的组织,包括会议目的与意义的探讨、主题的设定、人员的确定与邀请、会议室的预定与管理、会议的通知与协调、参会过程的把控、会议结束后的反馈等环节。以上每个环节又需要无数次的协调与确定,一次会议的举行看似简单,实则需要多方的支撑。因此,会议过程管理是十分烦冗而复杂的。

会议管理一般包括:会议题库、会议室管理、参会人员管理、会议通知实时反馈等功能。每一个功能又可根据复杂程度设定子功能,通过会议管理功能,实现会议举办过程的简化、透明、高效。

●会议题库:针对集团型企业,每年、每季度、每月、每周都会设立固定主题会议的这种情况,会议起草部门通过建立会议议题库,可以方便地查询、组织会议议题,确保议题尽快得到处理。同时,会议管理还可设计会议分类功能,管理员在会议配置中设置会议种类和应对的工作,根据会议的种类,系统可自动选择相应的流程。

●会议室管理:会议室资源有限,如何有效地利用有限的资源是会议室管理的主要职能,详见表6-1。

●参会人员管理:会议的组织需要多方协同,通过参会人员管理,可查询与会人员日程表。即组织者可以查询会议拟召开期间是否和与会人员的日程安排冲突,并将冲突的事由列表,方便组织者确定会议时间。

●会议通知实时反馈:详见表6-1。

(五)计划管理

计划管理是针对企业在计划期内应达到的产品品种、质量、产量和产值等生产活动指标、生产进度及相应安排的管理,是指导企业计划期生产活动的纲领性方案。企业通过对计划的制订、执行、检查、调整等全过程的管理,便能合理地利用人力、物力和财力等资源,有效地协调企业内外各方面的生产经营活动,提高企业效益。

按其特性定位,计划管理可划分为三个阶段,即事前管理、事中管理和事后管理。

●事前管理:主要是对"计划"的审核,企业根据各项基础性条件,编制各项、各类企业经营活动计划书,对计划书的可行性、可靠性形成审核体系,保证审核效果,从而确保计划的可行、可靠。审核体系包括:数据统计、数据的无量纲化分析、历史对比(纵向)和行业对比(横向)、建议性结论这四个基本环节。审核体系中,数据的无量纲化分析是关键环节，它能将不同类型的企业数据转换后实现同口径比较，数据统计环节是基础，纵、横向对比是手段，结论是目的。“事前”管理中的审核体系目前企业并未全面、有效地掌握和运用，公司对这些环节实施有效的控制，能确保计划的可行和可靠，并为计划的“事中”管理提供操作平台。

●事中管理：详见表6-1。

●事后管理：详见表6-1。

（六）资源管理

企业资源管理又称企业资源规划（Enterprise Resourse Planning，简称“ERP”），它是一个以管理会计为核心的信息系统，识别和规划企业资源，从而获取客户订单，完成加工和交付，最后得到客户付款。换言之，ERP将企业内部所有资源整合在一起，对采购、生产、成本、库存、分销、运输、财务、人力资源进行规划，从而达到最佳资源组合，取得最佳效益，此项管理更多地运用在生产型企业。

办公自动化系统中的资源管理更为具体化、透明化，一般包括：办公用品管理、图书和期刊管理、车辆管理、固定资产管理、人事管理等，即将类似于固定的、公共的资源进行有效管理，优化最佳库存与申请使用流程，保证资源合理、充分地使用，降低企业运营成本，提高资源使用效率。

●办公用品管理：包括办公用品的申请、计划、采购、分发、保管及销毁，管理的目的为合理、有效地利用，从而减少铺张浪费，节约成本，提高办公效率。办公用品可分为固定资产类办公用品、非消耗性办公用品、消耗性办公用品。

●图书和期刊管理：图书和期刊的管理信息量比较大，管理员需要录入、查找、调取内容的频率较高，而该系统可以方便管理员的操作，将传统的图书和期刊管理工作信息化，方便管理员和使用者的使用。该功能主要包括图书和期刊的录入、查询、统计等。

●车辆管理：包括车辆和驾驶员的档案管理、日程安排、行车安全管理、车辆年检、车辆定位、维修管理、加油管理和费用管理等，目的在于增加车辆安全行驶，有效提高车辆的使用效率，节约成本。

●固定资产管理：从资产购入企业开始到资产退出的整个生命周期，针对固定资产实物进行全程跟踪管理。解决了资产管理中账、卡、物不符，资产不明、设备不清、闲置浪费、虚增资产和资产流失问题。为企业资产管理工作提供全方位、可靠、高效的动态数据与决策依据，实现资产管理工作的信息化、规范化与标准化，全面提升企业资产管理工作的工作效率与管理水平。使固定资产的管理变得轻松、准确，快捷和全面。

●人事管理：以信息技术实现对企业人力资源信息的高度集成化管理，核心价值在于将人力资源工作者从繁重的日常琐碎事务中解放出来，将更多的精力用于企业的人力资源职能管理和管理决策上，保持企业的持续、高效运营。系统提供了对人事管理、调动管理、合同管理、工资管理、培训管理、绩效考核、奖惩管理、辅助功能、基础设置、综合统计等模式录入和表格界面录入。操作时方便、快捷，可大大提高工作效率。

(七)行政管理

行政管理指一切社会组织、团体对有关事务的治理、管理和执行的社会活动。现代行政管理多应用系统工程思想和方法，以减少人力、物力、财力和时间的支出和浪费，提高行政管理的效能和效率。在办公自动化系统中，一般行政管理包括规章制度管理、考勤管理、报销管理。

●规章制度管理：企业规章制度是企业用于规范企业全体成员及企业所有经济活动的标准和规定，它是企业内部经济责任制的具体化。企业规章制度对本企业具有普遍性和强制性，任何人、任何部门都必须遵守。企业规章制度的制定与管理，应体现企业经济活动的特点和要求。

●考勤管理：是企业对员工出勤进行考察管理的一种管理制度，其包括排班管理、请假管理(带薪年假管理)、补卡管理、加班申请管理、日出勤处理、月出勤汇总等。考勤管理是企业管理中最基本的管理，考勤管理人员月底需要向主管和财务提供员工的考勤数据，包括迟到、请假、加班、早退、旷工等，以备主管对员工进行绩效打分，财务对员工进行核算工资等条目。

●报销管理：报销系统的出现是会计电算化在企业全面推动的有利补充，扩大了企业信息化的范围，提高了内部管理层次，极大地改善了现有财务对费用控制的模式。利用办公自动化系统进行报销管理，可大大提升管理者审核效率，规范报销流程与票面内容，减少错误及疏漏的发生。

三、案例分析(以天津市农业科学院办公自动化系统为例)

天津市农业科学院(以下简称“天津农科院”)成立于1979年,最初是在市水稻所、蔬菜所、治碱所三个研究所的基础上建立起来的。目前已发展成为一个以应用研究为主、且学科较齐全、优势较突出、具有较强实力和地方特色的社会公益类综合性农业科研机构。目前院内下设15个研究单位,其中10个公益一类事业单位,3个公益二类事业单位,以及2个转置企业。全院拥有专业技术人员516人,其中,中国工程院院士1人,享受国务院政府特贴专家64人,突出贡献专家10人,市“131人才工程”人选16人,市“131创新团队”1个。同时,院内拥有4个国家级研究中心,6个部、市级重点实验室,10个市级研究(工程)中心。

建设背景:经过近40年的发展,天津农科院不仅人才队伍壮大,下设分支机构也较为丰富。如何提高业务流转效率,提高执行力度,指令能实效下达,消除“信息孤岛”现象,是天津农科院急需解决的问题。因此,需要一个高效、先进的信息化管理系统。在这样的情况下,天津农科院提出了构建企业核心业务统一管理的信息管理平台。

天津农科院办公自动化系统(简称“天津农科院OA系统”)启用于2018年,经过一年的运行使用,不仅在业务流转效率上有了大幅提升,各项工作流程也更加明晰、规范。现将各项模块功能介绍如下。

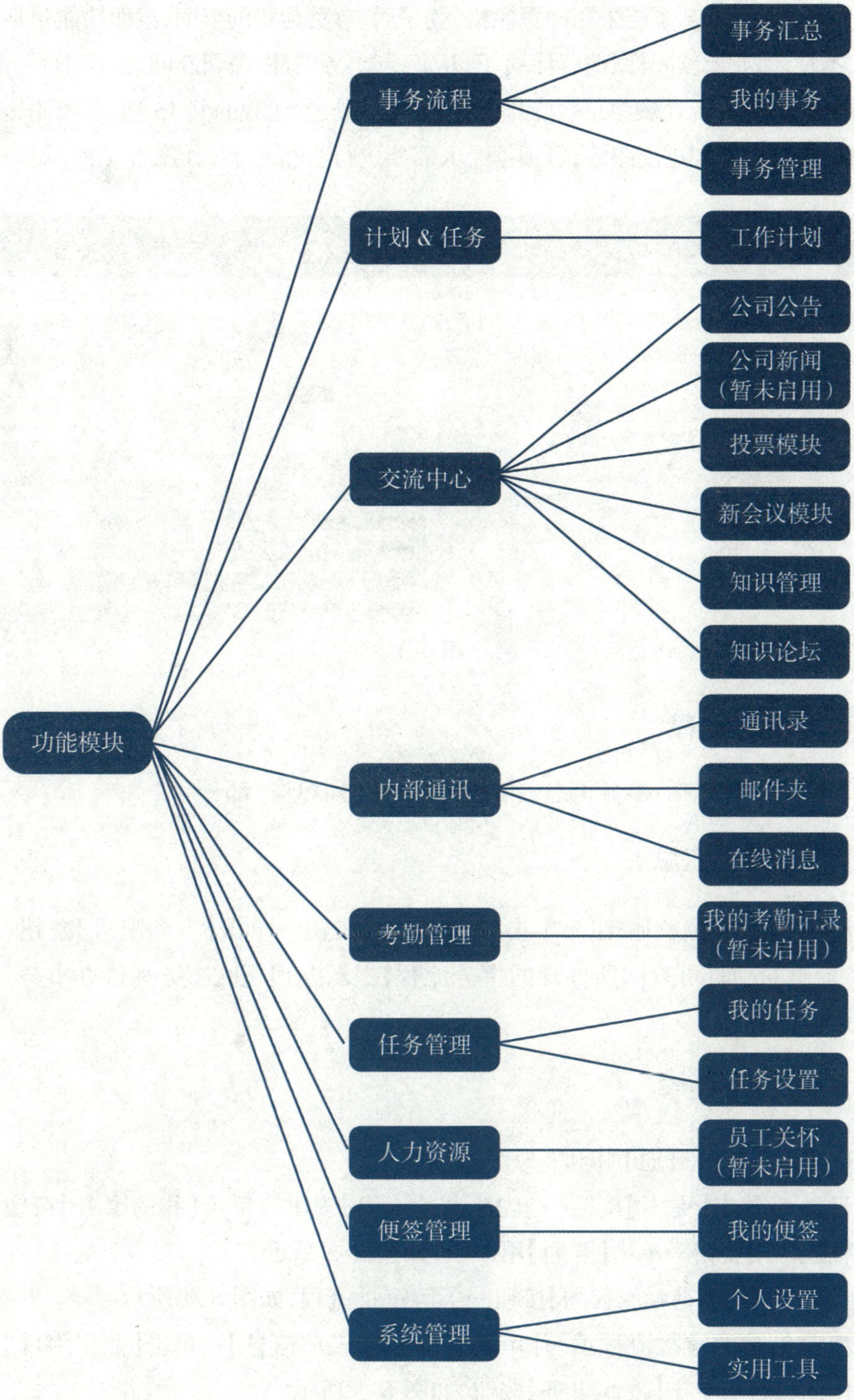
功能模块
事务流程
事务汇总
我的事务
事务管理
计划 & 任务
工作计划
交流中心
公司公告
公司新闻（暂未启用）
投票模块
新会议模块
知识管理
知识论坛
内部通讯
通讯录
邮件夹
在线消息
考勤管理
我的考勤记录（暂未启用）
任务管理
我的任务
任务设置
人力资源
员工关怀（暂未启用）
便签管理
我的便签
系统管理
个人设置
实用工具

天津农科院 OA 系统采用网页风格，登录后，首页为我的桌面，桌面功能包括我的效率、本月计划、未读邮件、遗留计划、已办事项、事务关注、公司新闻、知识中心、投票、常用网址、最新公告、最近便签、待开会议、我的考勤、抄送我的共 15 项。主要用途为快速搜索、提醒服务和进度跟踪，可根据个人需要进行自行定制，如图 6-1 所示。

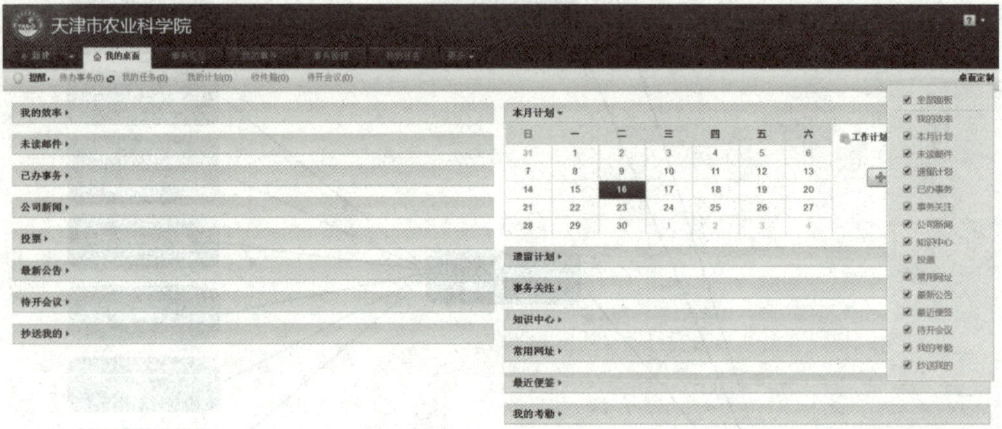

图 6-1

(一)事务流程

该模块主要包括：事务汇总、我的事务和事务管理三部分。

►►►事务汇总

步骤：单击【更多】按钮→单击【事务流程】按钮→单击【事务汇总】按钮，显示【事务汇总】界面，可查阅所办理的事务流程，提示办理超时事务和待办事务，如图 6-2 所示。

►►►我的事务

新建事务（以【开通】用印单为例）

步骤 1：单击【更多】按钮→单击【事务流程】按钮→单击【我的事务】按钮→单击【新建事务】按钮→单击【开通】用印单，如图 6-3 所示。

步骤 2：单击【查看流程图】按钮→了解审批流程，如图 6-4 所示。

步骤 3：按照审批流程填写【申请事由】及【表单信息】→单击【上传附件】按钮添加作证材料→单击【发起事务】按钮，如图 6-5 所示。

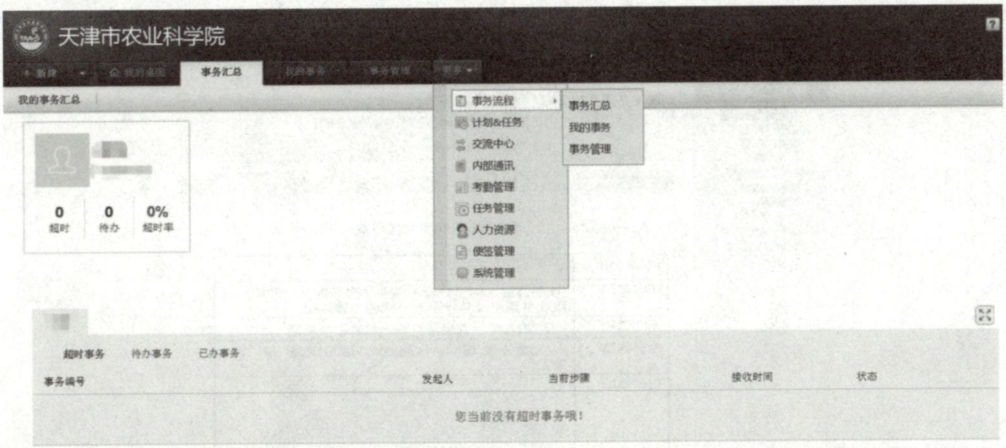
天津市农业科学院
事务汇总
我的事务汇总
事务流程
计划&任务
交流中心
内部通讯
考勤管理
任务管理
人力资源
便签管理
系统管理
事务汇总
我的事务
事务管理
0
超时
0
待办
0%
超时率
超时事务
待办事务
已办事务
事务编号
发起人
当前步骤
接收时间
状态
您当前没有超时事务哦！

图 6-2

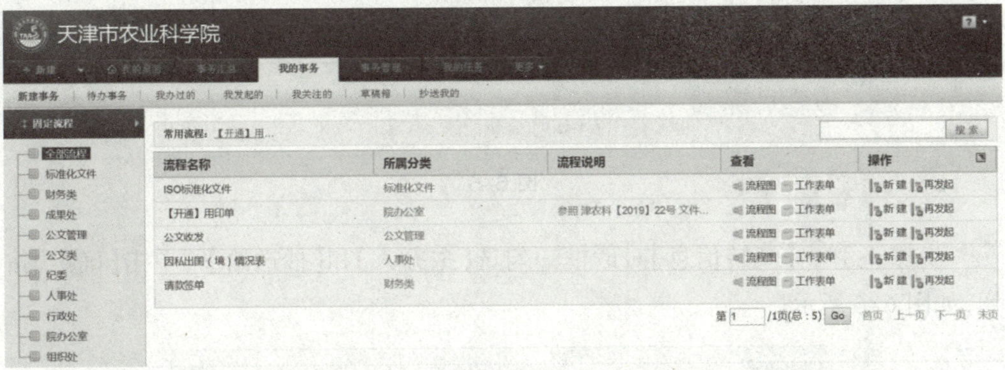
天津市农业科学院
我的事务
新建事务
待办事务
我办过的
我发起的
我关注的
草稿箱
抄送我的
固定流程
全部流程
标准化文件
财务类
成果处
公文管理
公文类
纪委
人事处
行政处
院办公室
组织处
常用流程：【开通】用...
搜索
流程名称
所属分类
流程说明
查看
操作
ISO标准化文件
标准化文件
【开通】用印单
院办公室
参照 津农科【2019】22号 文件...
公文收发
公文管理
因私出国（境）情况表
人事处
请款签单
财务类
流程图
工作表单
新建
再发起
第 1 /1页(总：5) Go
首页 上一页 下一页 末页

图 6-3

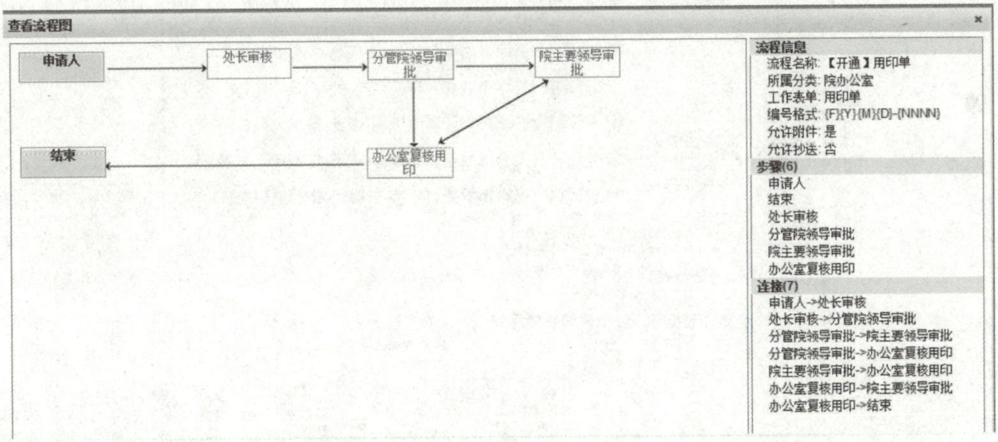
查看流程图
申请人
处长审核
分管院领导审批
院主要领导审批
办公室复核用印
结束
流程信息
流程名称：【开通】用印单
所属分类：院办公室
工作表单：用印单
编号格式：{F}{Y}{M}{D}-{NNNN}
允许附件：是
允许抄送：否
步骤(6)
申请人
结束
处长审核
分管院领导审批
院主要领导审批
办公室复核用印
连接(7)
申请人->处长审核
处长审核->分管院领导审批
分管院领导审批->院主要领导审批
分管院领导审批->办公室复核用印
院主要领导审批->办公室复核用印
办公室复核用印->院主要领导审批
办公室复核用印->结束

图 6-4

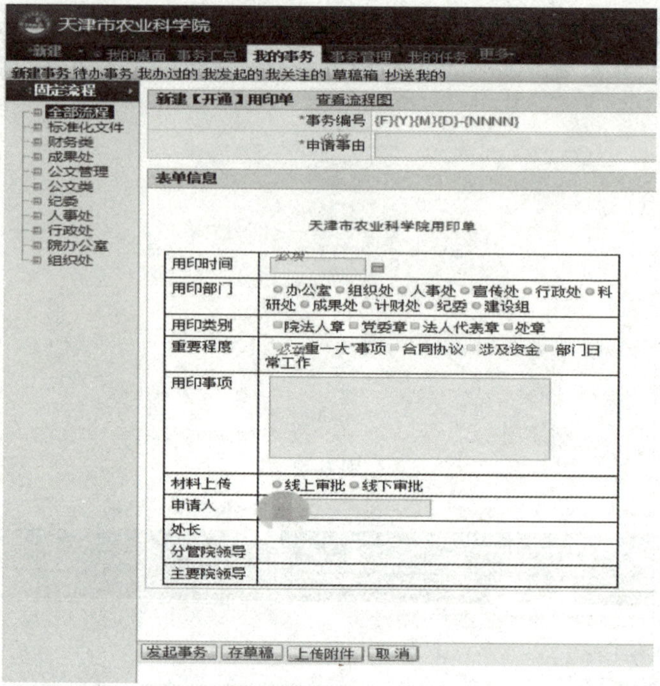

图 6–5

步骤 4:弹出【流转信息】对话框→勾选【主办人】和【抄送给】→单击【确定】按钮,如图 6–6 所示。

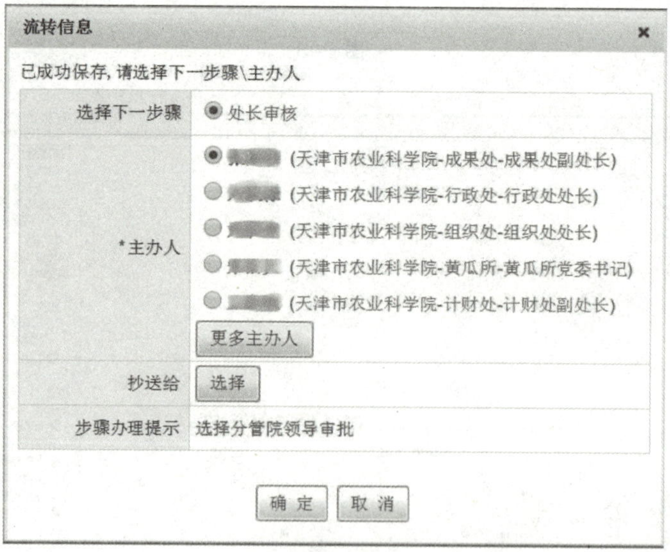

图 6–6

▶▶▶事务管理

步骤:单击【更多】按钮→单击【事务流程】按钮→单击【事务管理】按钮,显示【事务管理】界面,可查阅我委托的流程和我受理的流程。界面可以清晰显示委托流程、委托人、被委托人、开始日期、终止日期、委托状态及操作,使得流程审批进度更透明、更公开,如图 6–7 所示。

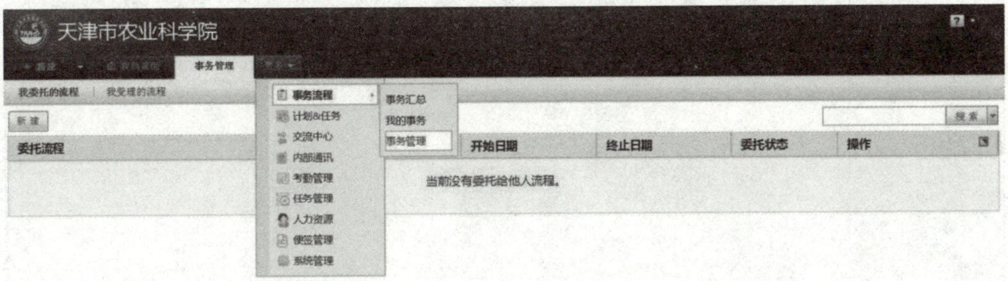

图 6–7

(二)计划 & 任务

工作计划按照个人与部门及时间分类,分为个人计划、部门计划、下属部门计划、周计划、月计划、部门周计划、部门月计划(如图 6–8 所示)。以新增个人工作计划为例,步骤如下。

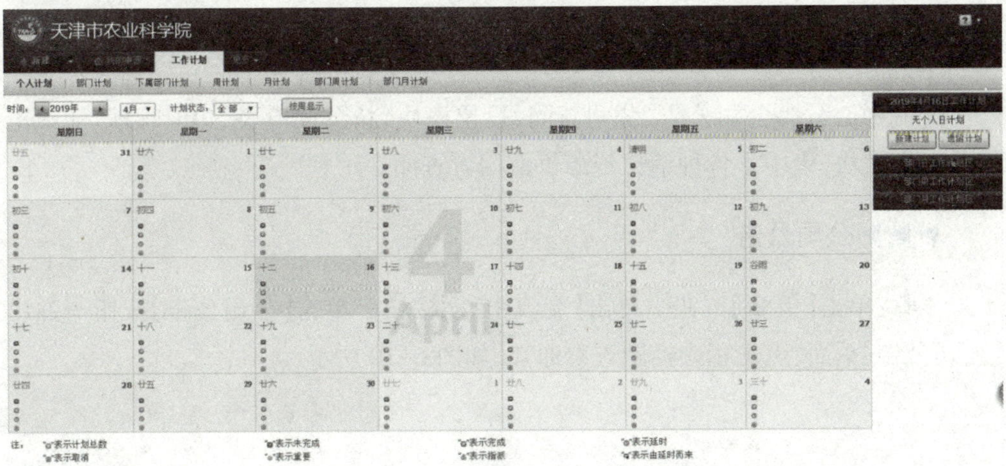

图 6–8

步骤 1:单击【更多】按钮→单击【计划 & 任务】按钮→单击【工作计划】按钮→

弹出【工作计划】页面。

步骤 2：单击【新建计划】按钮→弹出【新建工作计划】页面→填写名称、级别、内容、日数等内容→单击【制定】按钮，完成新建工作计划，如图 6-9 所示。

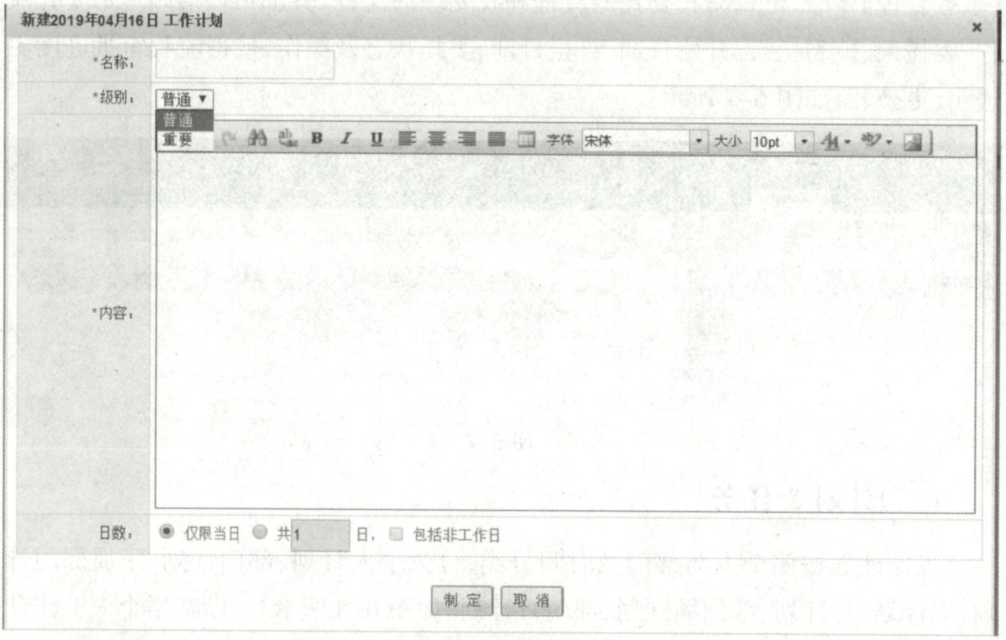

图 6-9

（三）交流中心

交流中心分为公司公告、公司新闻、投票模块、新会议模块、知识管理、知识论坛共 6 个模块，集中了各种信息资源供使用者查阅。

▶▶▶公司公告

步骤：单击【更多】按钮→单击【交流中心】按钮→单击【公司公告】按钮→弹出【公司公告】页面，点击相应标题查看通知，如图 6-10 所示。

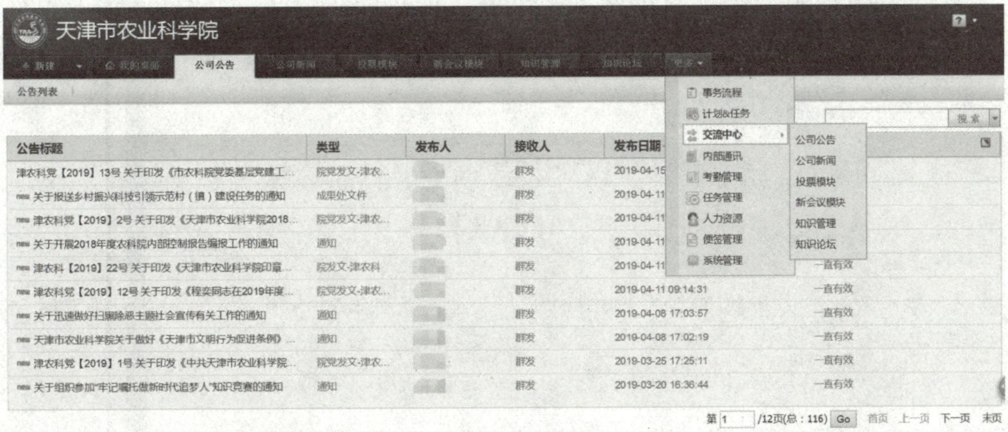

图 6-10

▶▶▶投票模块

步骤 1:单击【更多】按钮→单击【交流中心】按钮→单击【投票模块】按钮→弹出【投票模块】页面,可以查阅已发起的投票议题,如图 6-11 所示。

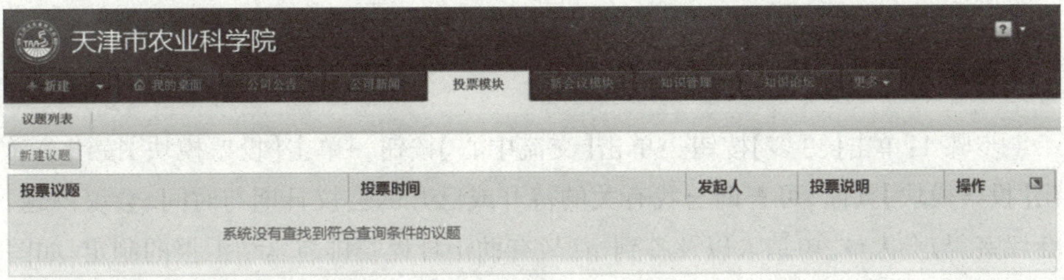

图 6-11

步骤 2:单击【新建议题】按钮→弹出【新建投票议题】页面→填写投票说明、投票权限、查看权限、有效时间、投票类型、记名类型、选项添加等信息→单击【确定】按钮,完成新建议题的发起,如图 6-12 所示。

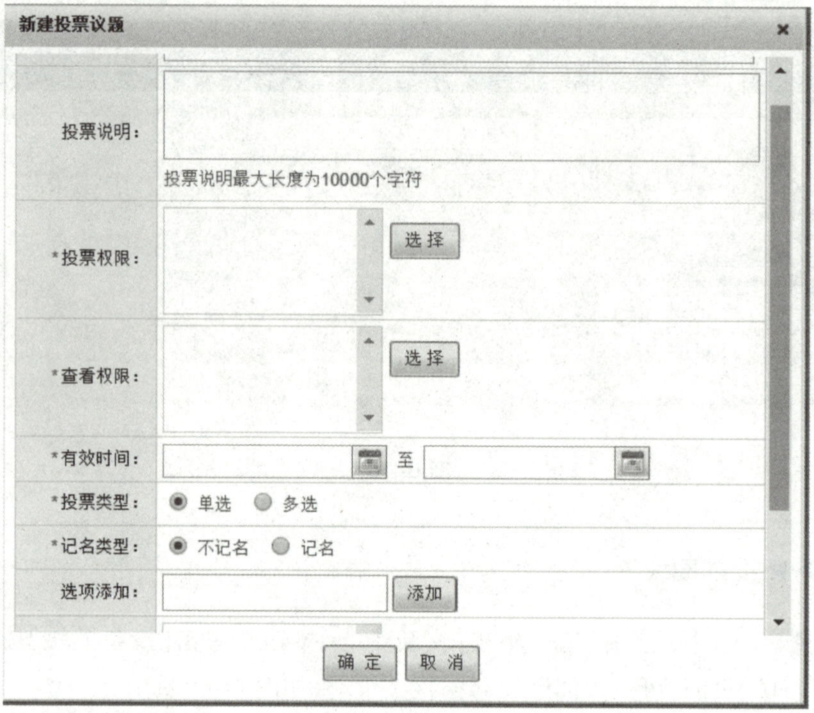

图 6–12

▶▶▶新会议模块

步骤 1:单击【更多】按钮→单击【交流中心】按钮→单击【投票模块】按钮→弹出【投票模块】页面,可查询与我有关的待开或已开的会议日期与时间、会议议题、会议室、与会人员、申请人以及签到情况,有助于日程安排与总结汇报的制定,如图 6–13 所示。

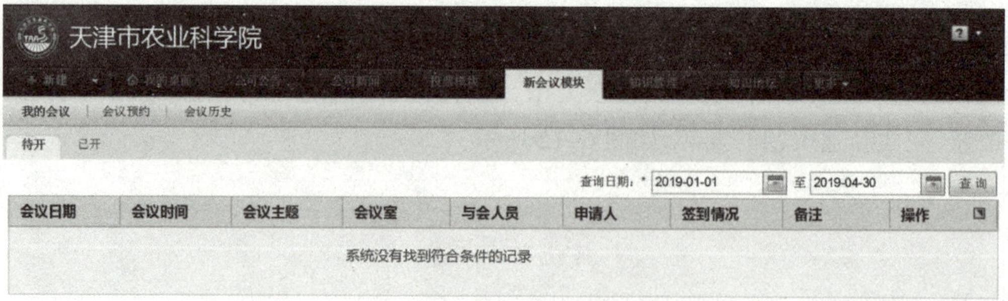

图 6–13

步骤 2：单击【会议预约】按钮→弹出【会议预约】页面，可查询各个会议室的会议安排，便于后续会议时间与地点的确定，防止会议时间、地点、与会人员的冲突，如图 6-14 所示。

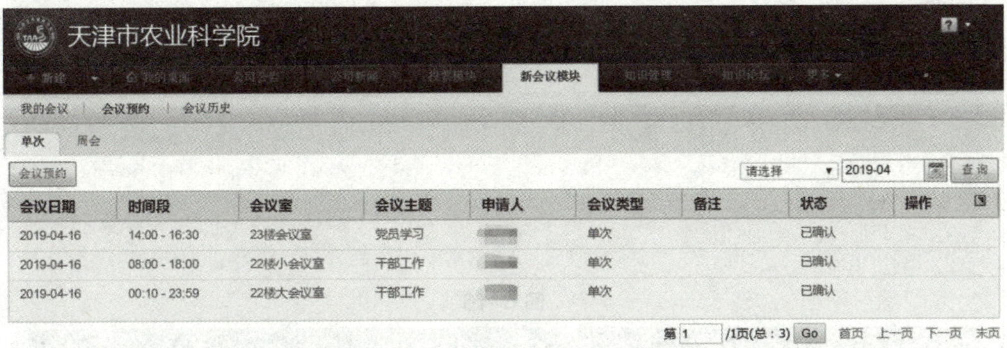

图 6-14

步骤 3：单击【会议历史】按钮→弹出【会议历史】页面，可显示公司所有会议的详细信息，使会议组织更透明、更公开，如图 6-15 所示。

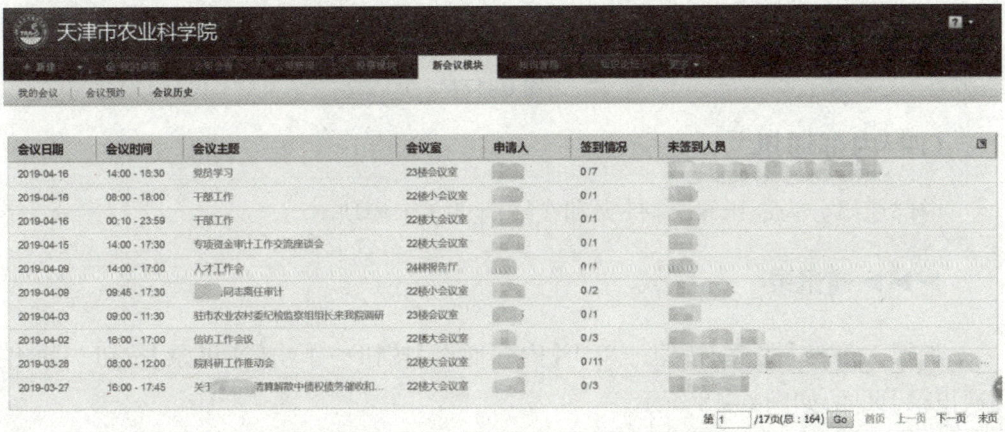

图 6-15

▶▶▶知识管理与知识论坛模块

步骤：单击【更多】按钮→单击【交流中心】按钮→单击【知识管理】或【知识论坛】按钮→弹出相应页面，存储着公司、部门和个人的重要文件及相关制度，将传统的纸质文件扫描成电子版存档，更便于使用者查找与使用，如图 6-16 和图 6-17 所示。

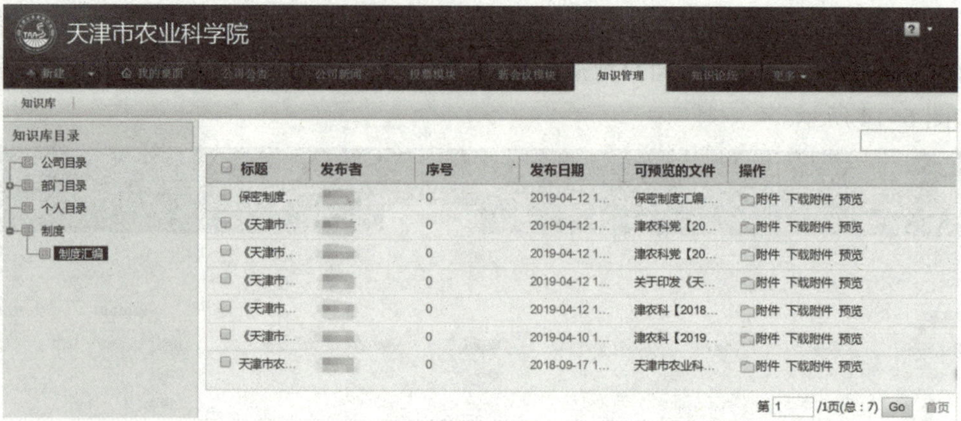

图 6–16

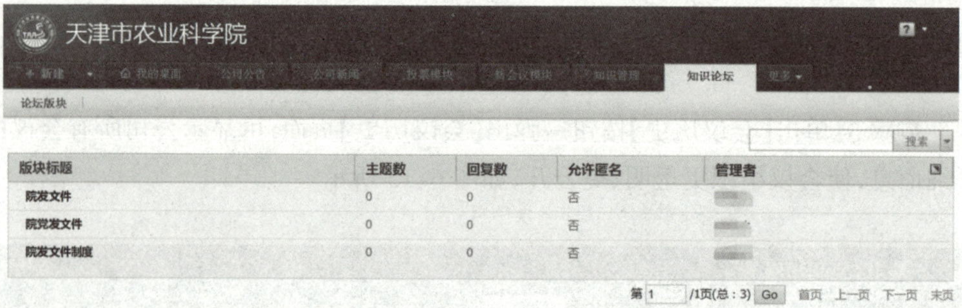

图 6–17

（四）内部通讯

内部通讯分为通讯录、邮件夹和在线消息 3 个模块。

▶▶▶通讯录

步骤 1：单击【更多】按钮→单击【内部通讯】按钮→单击【通讯录】按钮→弹出【通讯录】页面，如图 6–18 所示。

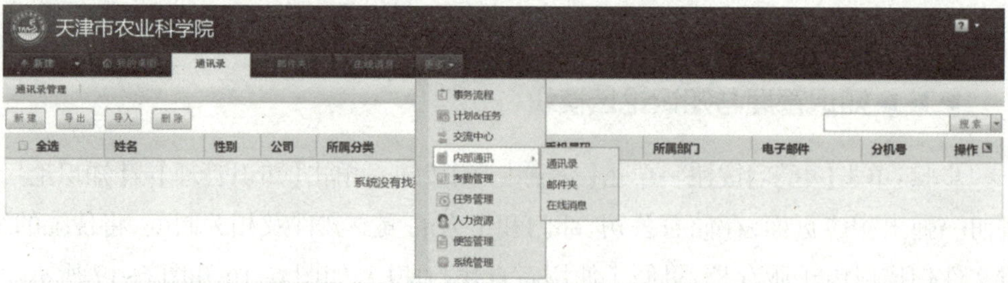

图 6–18

步骤 2：单击【新建】按钮→弹出【新建通讯录】窗口→填写相关信息→单击【确定】按钮完成新建通讯录，如图 6–19 所示。

步骤 3：单击【导入】按钮→弹出【导入用户通讯录】窗口（如图 6–20 所示）→单击【下载模板】按钮，将通讯录按模板格式调整后→单击【上传附件】按钮→上传后单击【导入】按钮→完成通讯录的导入。后续如需将通讯录导出，直接单击【导出】按钮即可将通讯录另存为文件，如图 6–18 所示。

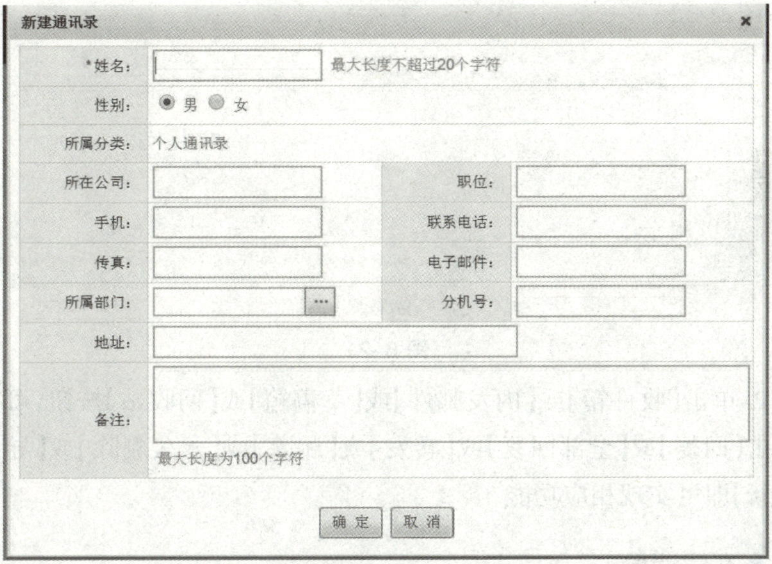

图 6–19

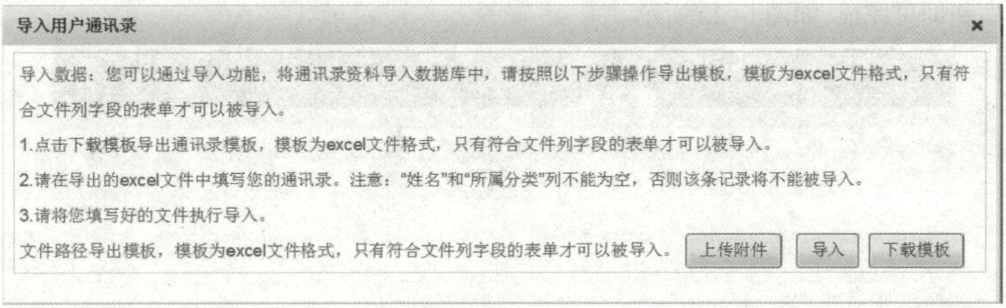

图 6–20

▶▶▶邮件夹

步骤 1:单击【更多】按钮→单击【内部通讯】按钮→单击【邮件夹】按钮→弹出【邮件夹】页面→单击【写邮件】按钮→填写邮件内容→单击【发送】按钮即可完成,如图 6–21 所示。

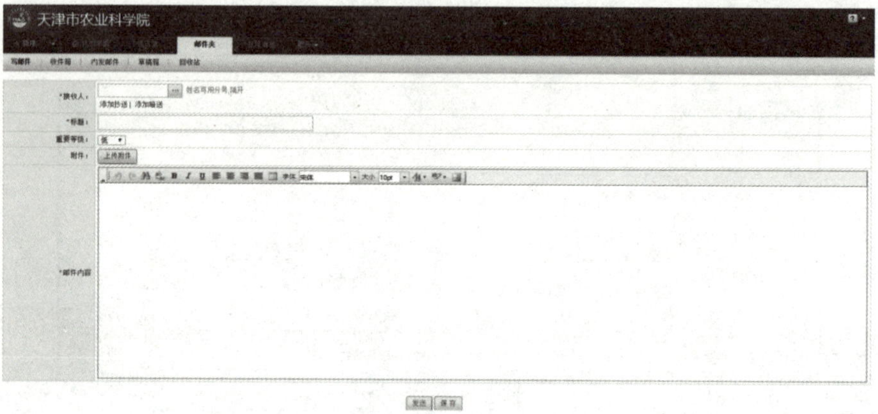

图 6–21

步骤 2:单击【收件箱】或【内发邮件】或【草稿箱】或【回收站】按钮,可查询相应邮件→单击【回复】或【全部回复】或【转发】或【删除】或【永久删除】或【导出】或【打印】或【刷新】即可实现相应功能。

▶▶▶在线消息

步骤:单击【更多】按钮→单击【内部通讯】按钮→单击【在线消息】按钮→弹出【在线消息页面】→单击【选择接收者】选择发送对象→填写发送内容→单击【发送】按钮即可完成,如图 6–22 所示。

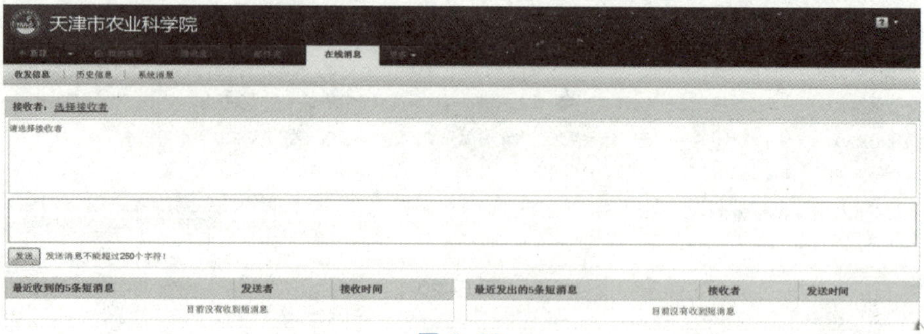

图 6–22

(五)考勤管理

考勤管理中,包括考勤查询、未审核考勤申请、已审核考勤申请、假期、加班统计、我的排班共6个模块。由于天津农科院考勤由各个分所进行统计,所以OA系统中的考勤管理暂未开启。使用者可根据个人排班、加班、休假情况进行网上申请与登记,该系统可与月终考勤统计直接挂钩,为人事部门节省了大量的统计工作。各模块功能如图6-23所示。

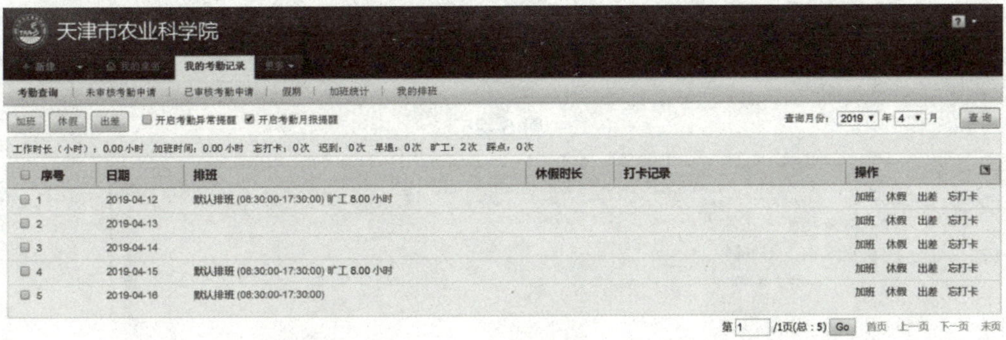

图6-23

(六)任务管理

任务管理中,包括我的任务和任务设置两个模块,方便使用者进行任务的设定和提醒。

▶▶▶我的任务

步骤1:单击【更多】按钮→单击【任务管理】按钮→单击【我的任务】按钮→弹出【我的任务】页面,可查询相关任务,如图6-24所示。

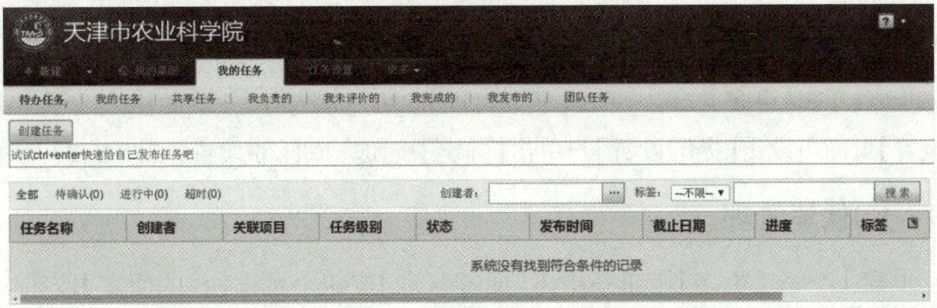

图6-24

步骤 2:单击【创建任务】按钮→弹出【创建任务】窗口→填写任务信息(可选择建议模板或通用模板)→单击【保存并继续】按钮完成任务创建,如图 6-25 和图 6-26 所示。

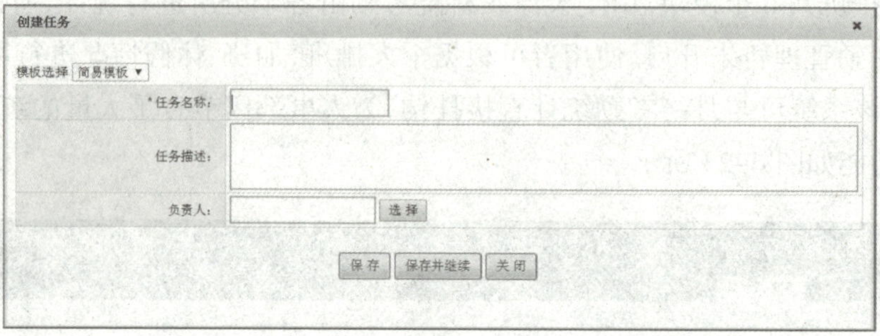

图 6-25

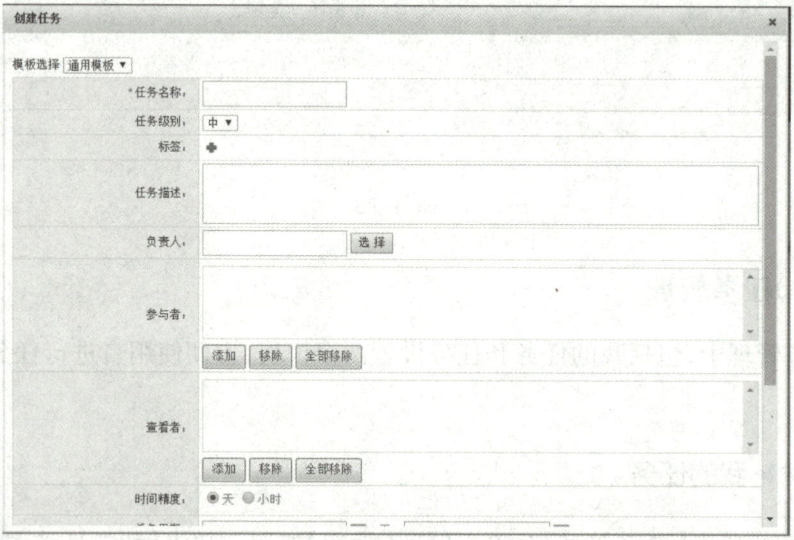

图 6-26

▶▶▶任务设置

步骤:单击【更多】按钮→单击【任务管理】按钮→单击【任务设置】按钮→弹出【任务设置】页面→设定【提醒设置】→单击【确定】按钮完成任务设置,如图 6-27 所示。

(七)便签管理

步骤 1:单击【更多】按钮→单击【便签管理】按钮→单击【我的便签】按钮→弹出【我的便签】页面→单击【写便签】按钮→弹出窗口【新建便签】→填写便签内容→

单击【保存】按钮完成新建便签，如图 6-28 所示。

图 6-27

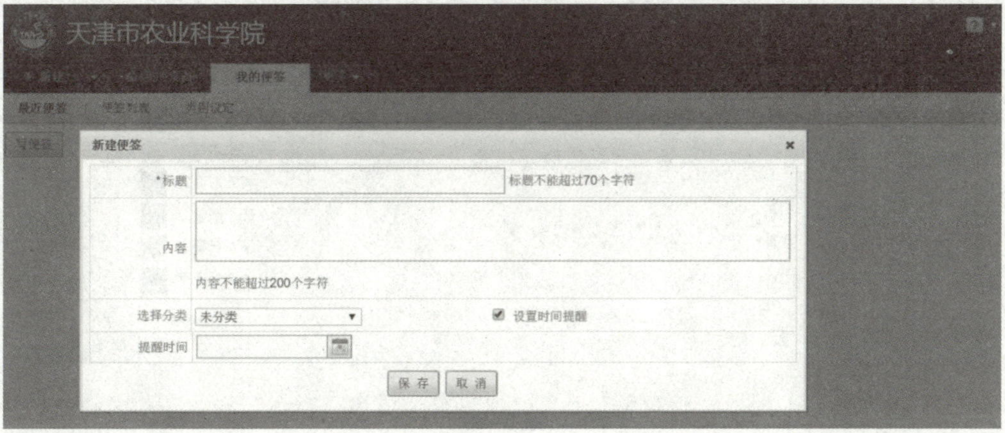

图 6-28

步骤 2：单击【便签列表】按钮查询已建立的便签→单击【类别设定】按钮可以分组便签，方便查找。

(八)系统管理

系统管理中，包括个人设置和实用工具两个模块。

▶▶▶个人设置

步骤：单击【更多】按钮→单击【系统管理】按钮→单击【个人设置】按钮→弹出【个人设置】页面→根据个人喜好和习惯设置系统(分为常用设置、提醒设置、常用网址、手机绑定、手机使用 OA、数字签名、默认部门岗位设置、个人邮箱绑定共 8 项)→单击【确定】按钮完成设置，如图 6-29 所示。

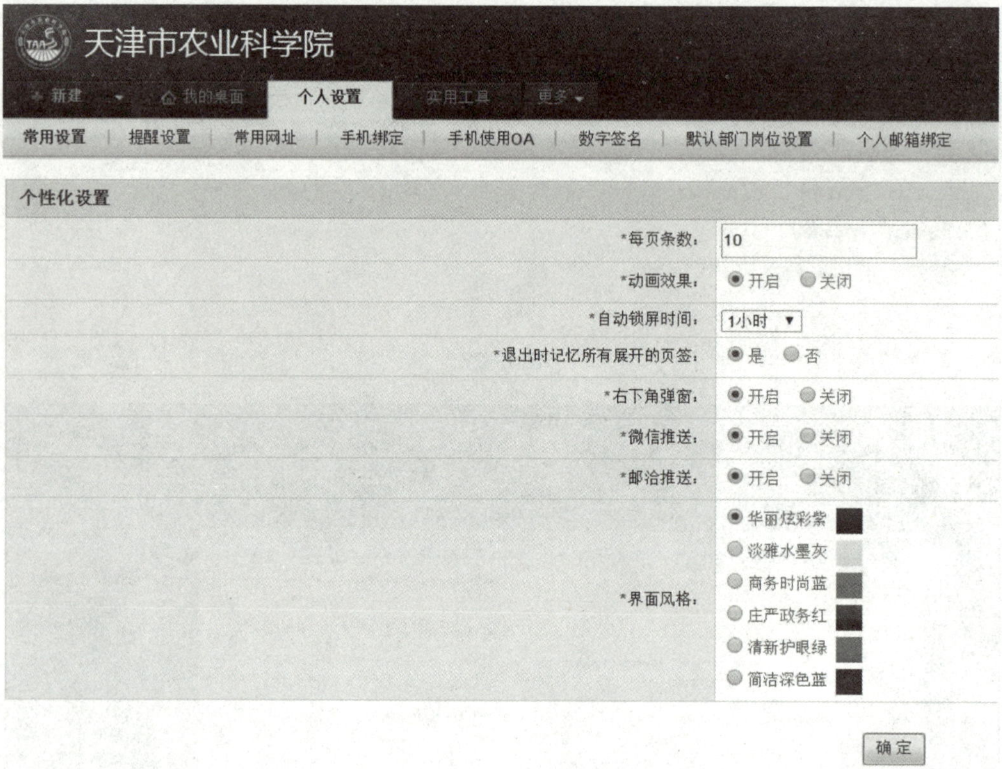

图 6–29

▶▶▶实用工具

步骤 1：单击【更多】按钮→单击【系统管理】按钮→单击【实用工具】按钮→弹出【实用工具】页面→单击【区号邮编】按钮→单击【上海】按钮→弹出【上海】地区的区号邮编，如图 6–30 所示。

步骤 2：单击【万年历】按钮→弹出【万年历】页面→单击【上一年】或【下一年】或【上一月】或【下一月】或【今天】等按钮调整查阅的日期，如图 6–31 所示。

步骤 3：单击【世界时间】按钮→弹出【世界时间】页面→单击【亚洲】或【中国】按钮可选择不同区域，如图 6–32 所示。

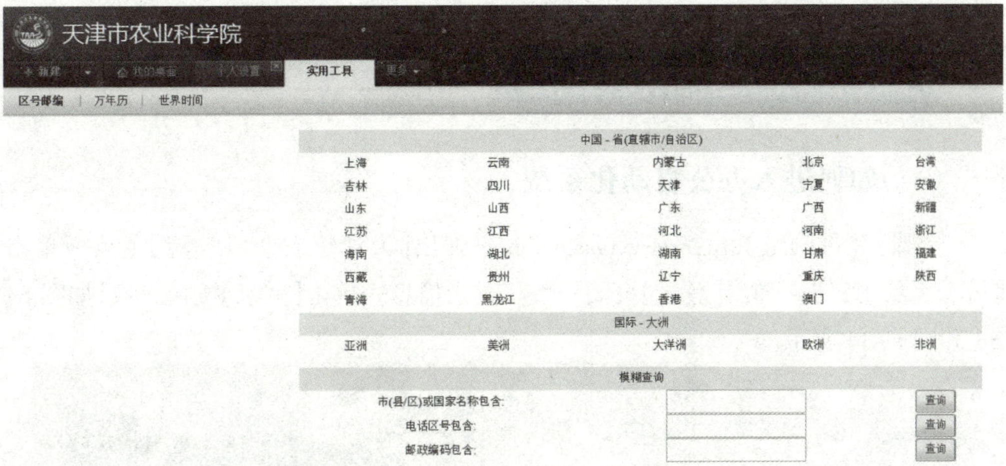

图 6–30

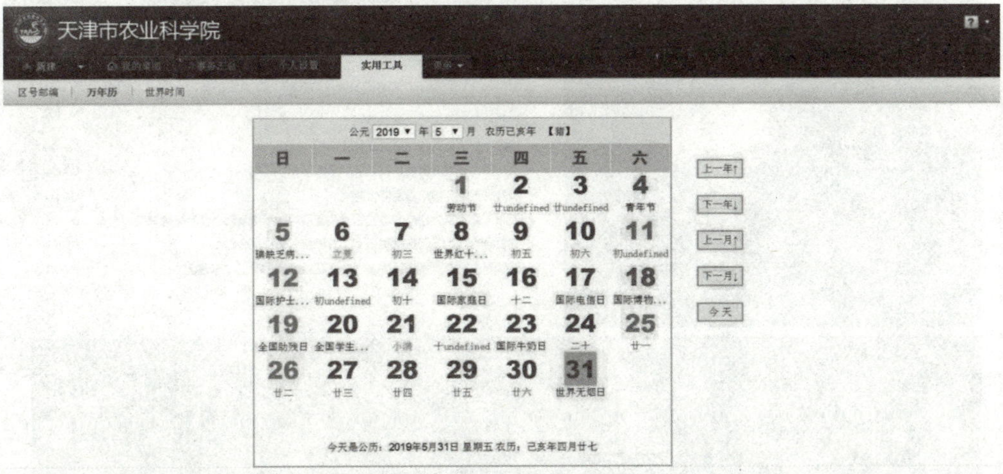

图 6–31

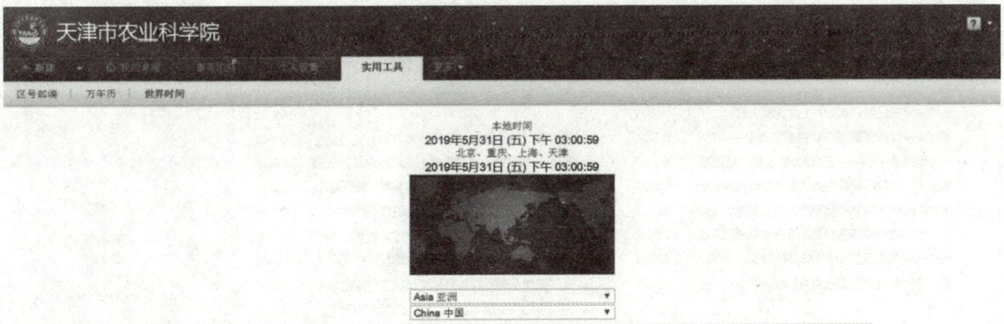

图 6–32

四、常见问题与解决办法

（一）如何进入办公自动化系统

步骤：登录网址 http://www.taas.ac.cn/→弹出【天津市农业科学院】主页→单击【办公系统】按钮→弹出【登录】页面→填写登录信息→单击【登录】按钮完成，如图 6–33 和图 6–34 所示。

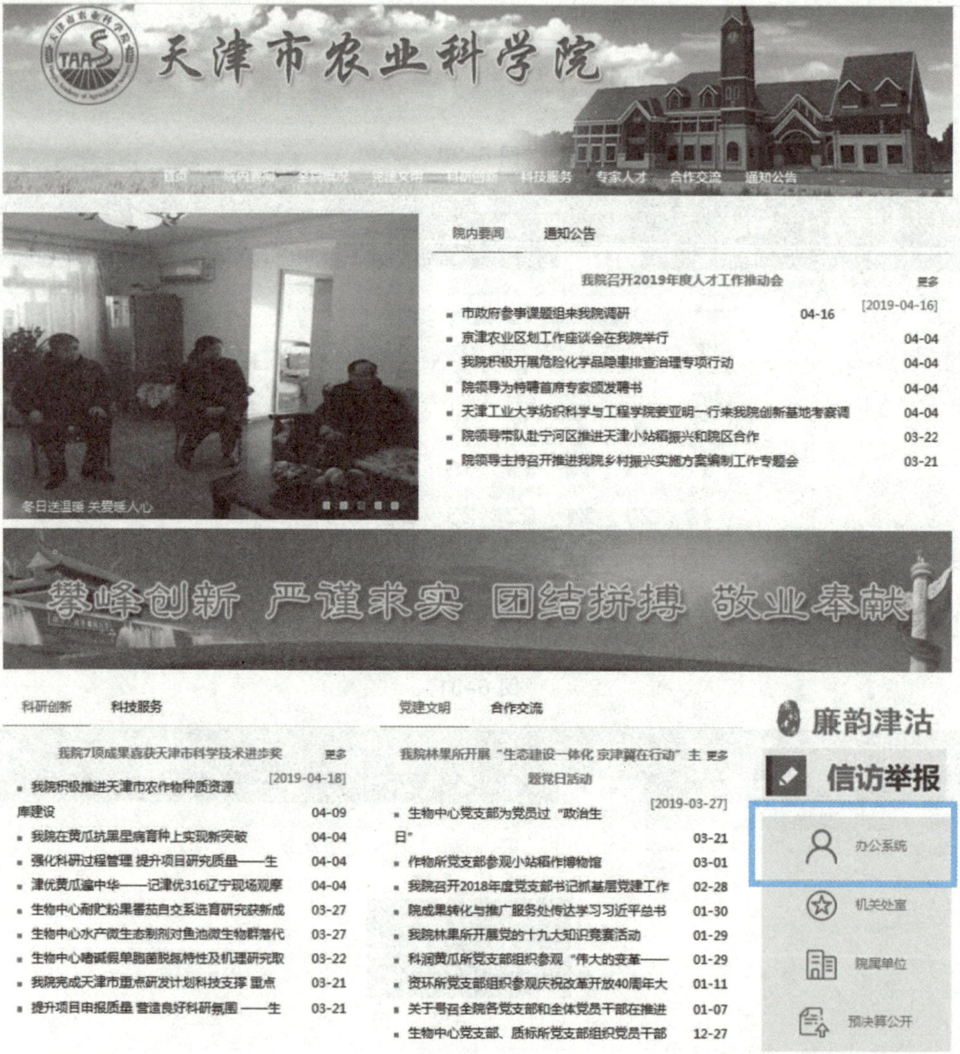

图 6–33

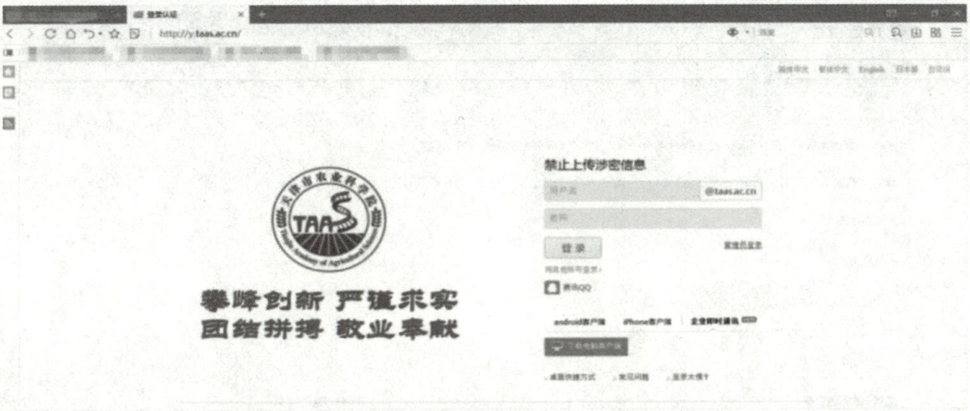

图 6-34

(二)忘记登录密码怎么办

在使用过程中,如果使用者忘记了密码,可以联系系统管理员将密码清空或修改为初始密码。修改后,首次使用办公自动化系统的使用者必须填写“用户名”和“初始密码”,“用户名”可向系统管理员进行申请设置,进入系统后本人可以在系统右上角“账号设置”中的“修改密码”项自行修改。

步骤:单击【账号设置】按钮→单击【修改密码】按钮→弹出【账号设置】窗口→填写新密码等信息→单击【修改】按钮完成,如图 6-35 和图 6-36 所示。

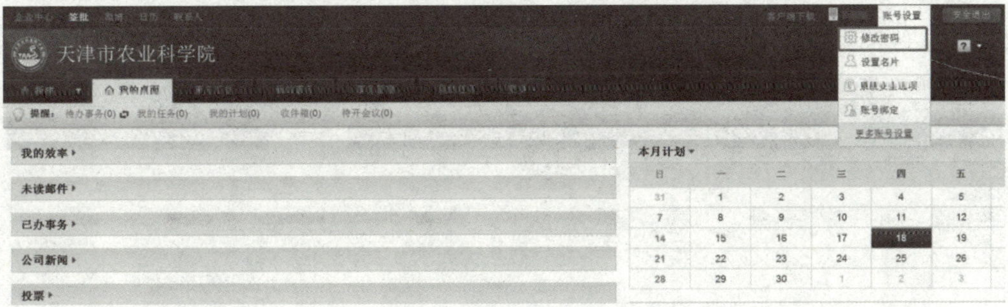

图 6-35

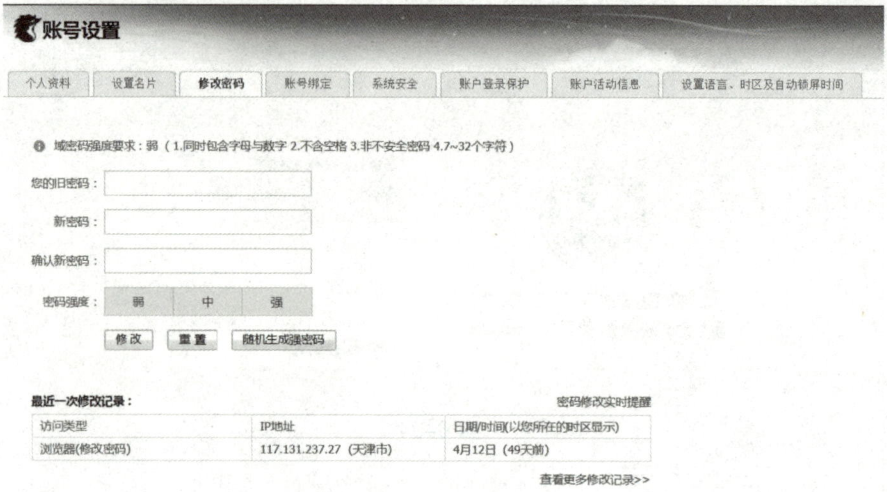

图 6-36

(三)事务发起错误如何解决

在使用过程中，偶尔会出现事务发起错误或便签设定错误的现象，使用者可在上级未审核状态下进行事务撤回或在便签列表中删除；如果上级已审核，使用者可联系上级进行事务驳回操作，再将正确的事务按流程进行发起。

便签删除步骤：单击【更多】按钮→单击【便签管理】按钮→单击【我的便签】按钮→单击【便签列表】按钮→单击【删除】按钮→弹出【确认信息】窗口→单击【确定】按钮完成便签删除，如图 6-37 和图 6-38 所示。

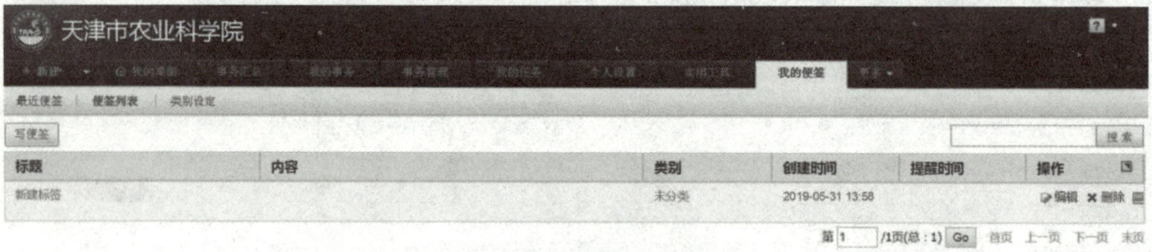

图 6-37

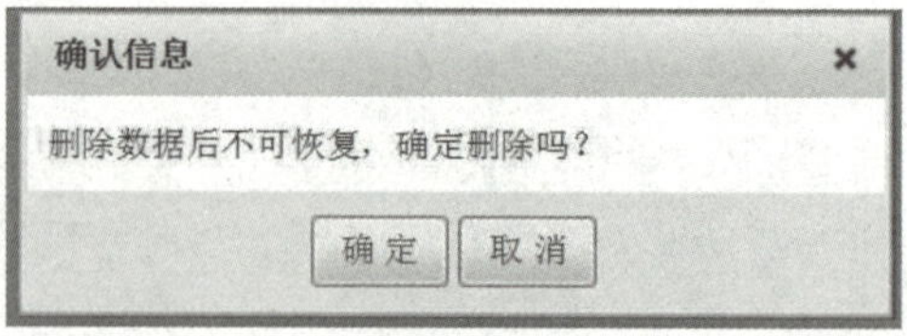

图 6-38

第七章

网络即时通信软件

随着科技的不断发展和工作节奏的加快，网络通信在人们的生活和工作中起到了非常重要的作用，信息交流方式更加多样与便捷。网络即时通信软件，通过即时通信技术实现在线交流沟通，是网络时代最为方便的通信方式，给我们的生活和工作带来诸多好处。本章将介绍 QQ、微信、邮箱等常用通信软件的使用方法，来实现随时随地无障碍沟通。

一、QQ 收发信息

腾讯 QQ（以下简称 QQ）是腾讯公司开发的一款基于 Internet 的即时通信软件，是目前常用网上聊天软件之一，其标志是一只戴着红色围巾的小企鹅。QQ 支持在线聊天、视频通话、点对点断点续传文件、共享文件、网络硬盘、自定义面板、QQ 邮箱等多种功能，并可与多种通讯终端相连。包括电脑版 QQ 和手机版 QQ，下面重点介绍一下电脑版 QQ 的使用方法。

（一）软件下载

首先，我们需要下载安装 QQ 软件。软件的来源非常重要，我们要选择从安全可靠的途径进行下载，以保证电脑安全，不受病毒感染。主要途径包括 3 个：应用商店下载、官方网站下载和电脑管理软件下载[10]。

- 应用商店下载：点击 Windows 10 的【开始】按钮，选择【Microsoft Store】，弹出窗口，在搜索框搜索软件名称，获取安装包。
- 官方网站下载：从官网下载软件是最常用的方法。QQ 的官网地址为https://im.qq.com/。
- 电脑管理软件下载：常用的有 360 安全卫士、电脑管家等。通过电脑管理软件，可以搜索、下载和删除软件，以及设置软件是否被允许开机时自动启动等。

（二）注册 QQ 与登录 QQ

▶▶▶注册 QQ

步骤 1：双击桌面 QQ 图标→启动程序→进入登录界面，如图 7-1 所示。

步骤 2：点击【注册账号】→弹出【QQ 注册页面】→填写昵称、密码、手机号码→获取手机短信验证码→信息填完后→点击立即注册→提示申请成功，如图 7-2 所示。

图 7–1

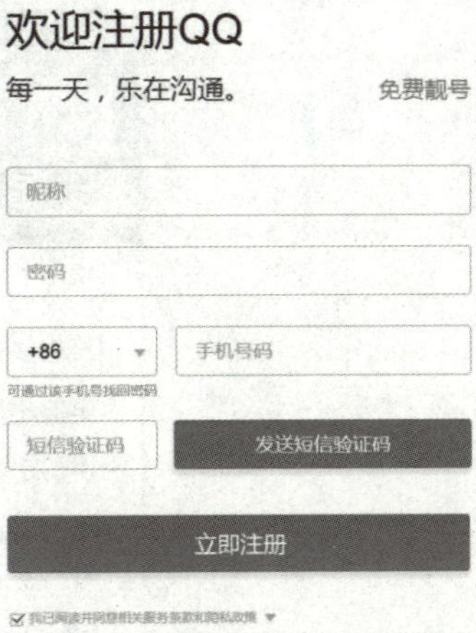

图 7–2

▶▶▶登录 QQ

使用 QQ 进行交流前，首先要登录 QQ 账号，有两种方法可供用户选择。

方法 1：双击 QQ 图标→弹出登录页面→填写账号、密码信息→点击【登录】按钮。

方法 2：点击登录页面右下角的二维码图片→弹出手机登录方式→用手机扫描二维码登录→弹出长条状的 QQ 面板，则登录成功，如图 7–3 和图 7–4 所示。

图 7–3

图 7-4

[小提示]

要想修改自己的QQ昵称，用鼠标右击QQ面板最上方的头像→选择【修改个人资料】→弹出【修改个人资料】对话框→点击【编辑资料】→弹出【编辑资料】对话框，即可修改。

(三)添加与删除好友

▶▶▶添加好友

新用户首次登录时，好友名单列表上是空的，要和其他人联系，必须先添加好友。加好友分为按QQ号码查找和按条件查找两种方法。

(1)知道好友的QQ号或者昵称

步骤1：在主面板上的【搜索】框内直接输入QQ号或昵称进行搜索或单击加好友按钮→打开【QQ查找/添加好友】窗口。

步骤 2：输入好友 QQ 号码或者昵称，点击【查找】按钮→选中要添加的好友，单击【+好友】按钮，如图 7–5 所示。

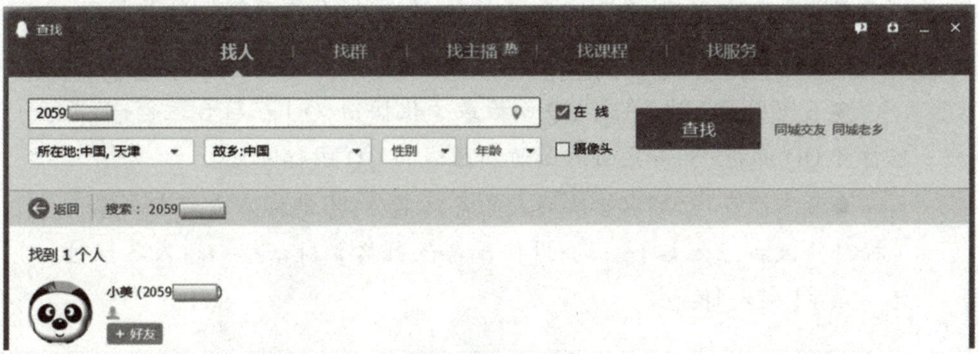

图 7–5

步骤 3：若对方设置了身份验证，需要填写验证消息，验证消息要让对方知道你是谁，然后点击【下一步】按钮；若对方通过验证，则添加好友成功，如图 7–6 所示。

步骤 4：可以填写备注姓名，以及进行分组，添加好友成功后，会显示备注姓名和分组信息，方便以后聊天和查找，如图 7–7 所示。

图 7–6

图 7–7

（2）如果想把网上其他不认识的网友加为好友

步骤 1：在【添加好友】窗口设置附加条件进行筛选，例如在线、所在地、性别、年龄等信息，点击查找按钮，如图 7–8 所示。

步骤 2：搜索框下方会显示筛选结果，用鼠标选择想要添加的头像上，点击【+好友】按钮。

[小提示]

●如果好友在线，头像是彩色的；如果好友不在线或隐身状态，头像是灰色的。

●不使用QQ时，单击QQ面板最小化按钮，QQ在后台运行；如果想打开QQ面板，单击桌面右侧通知区域的QQ图标即可。

●为方便查找，可以修改好友的备注名称：用鼠标右击好友头像→选择【修改备注姓名】→弹出【修改备注姓名】对话框→输入备注姓名→点击【确定】按钮。

步骤3：如需进行身份验证，可发送验证信息，等待对方同意发送的请求后，添加好友成功。

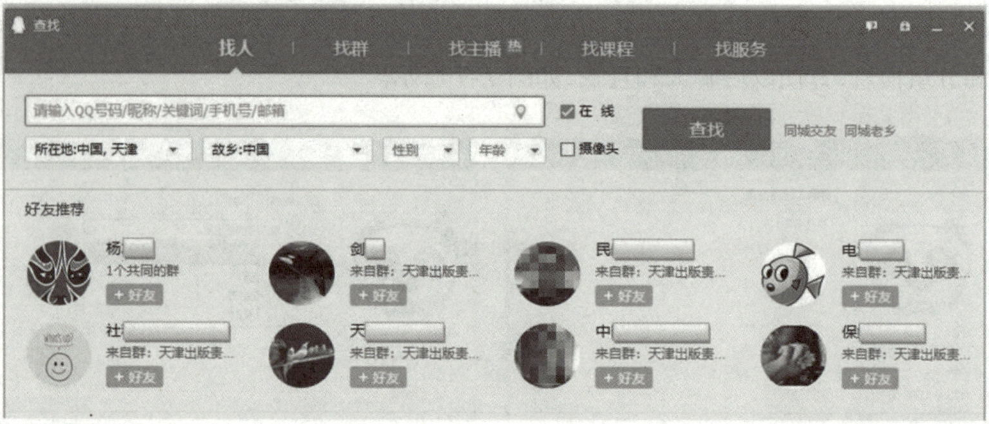

图 7-8

(四)发送文字消息

步骤：双击好友头像→打开聊天窗口→输入文字消息→点击【发送】按钮或者按住【Ctrl+Enter】组合键即可。

（五）传送文件

步骤 1：双击好友头像→打开聊天窗口→移动鼠标到【传送文件】按钮→显示发送文件/文件夹、发送离线文件或发送微云文件，如图 7–9 所示。

图 7–9

步骤 2：单击【发送离线文件】命令→弹出打开对话框→单击要传送的文件→单击【打开】按钮→文件显示在聊天窗口的消息编辑框内→点击【发送】按钮→文件自动上传，如图 7–10 所示。

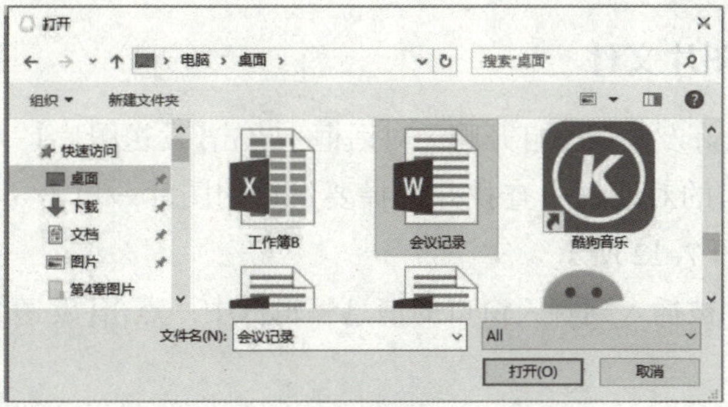

图 7–10

步骤 3：接收文件时，点击文件下方的【另存为】链接→弹出对话框→选择文件保存位置→点击【保存】按钮，如图 7–11 所示。

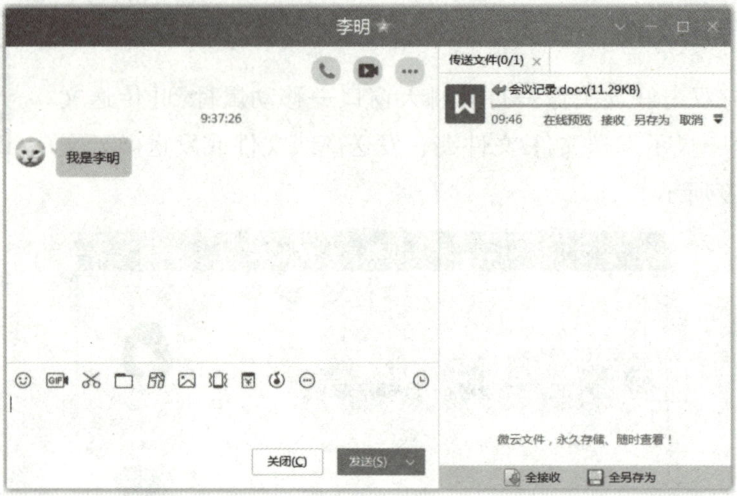

图 7–11

[小提示]

建议选择发送离线文件，如果对方不在线，发送的文件可以保存 7 天，方便对方延时接收。

步骤 4：文件传送完毕后，显示文件接收成功。我们应查看刚才设置的保存位置里有没有该文件，并尝试打开，如果可以正常打开，证明下载成功。如果没有该文件或者无法打开，可尝试重新下载。

（六）发送图片文件

步骤 1：双击好友头像→打开聊天对话框→点击【发送图片】按钮→在弹出的对话框中查找并选择要发送的图片→单击【打开】按钮，如图 7–12 所示。

步骤 2：图片被插入到聊天窗口的消息编辑框中→点击【发送】按钮，如图 7–13 所示。

图 7-12

图 7-13

(七)电脑与手机互传信息

▶▶▶电脑版 QQ 向手机版 QQ 传送文件

步骤 1:登录电脑 QQ→搜索栏输入【我的 Android 手机】,如图 7-14 所示(以安卓手机为例)。

步骤 2:双击【我的 Android 手机】图标→弹出对话框,如图 7-15 所示。

图 7-14

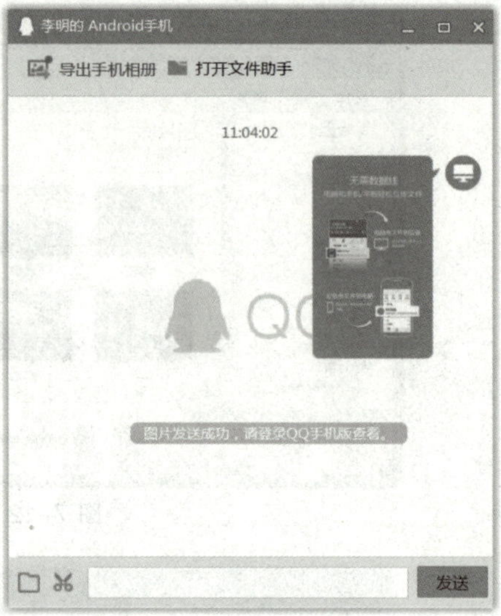

图 7-15

步骤 3：点击【选择文件发送】按钮→选择要传送的文件或图片→点击【打开】按钮，如图 7-16 所示。

步骤 4：传输完成后→在手机上点击文件图标，我们就可以从手机 QQ 查看传送的文件，如图 7-17 所示。

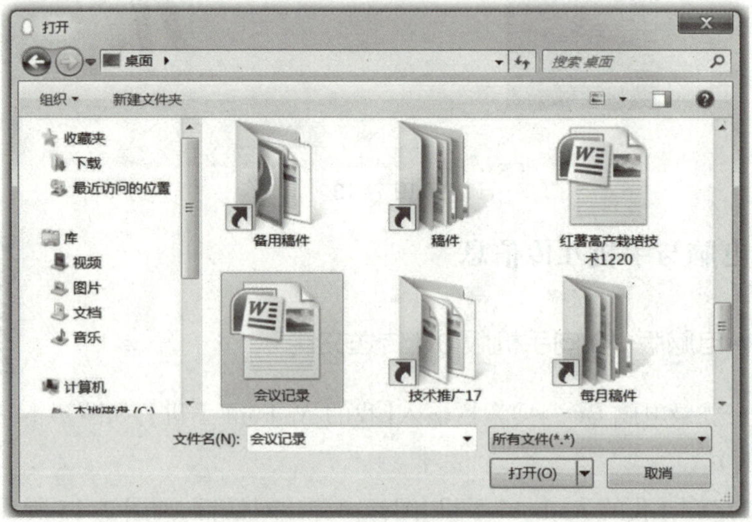

图 7-16

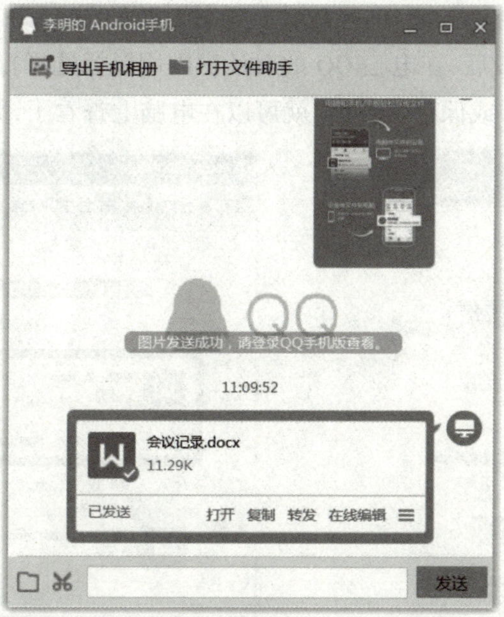

图 7–17

▶▶▶手机 QQ 向电脑 QQ 传送文件

步骤 1:登录手机 QQ→在搜索栏输入【我的电脑】,如图 7–18 所示。

步骤 2:点击【我的电脑】→点击【选择文件发送】按钮,如图 7–19 所示。

图 7–18

图 7–19

步骤 3：勾选要传输的文件→点击【发送】按钮，如图 7–20 所示。

步骤 4：传输完成后，在电脑 QQ 的对话窗内用鼠标选择打开、复制或另存为等命令→直接打开文件或保存文件后，就可以在电脑上查看了，如图 7–21 所示。

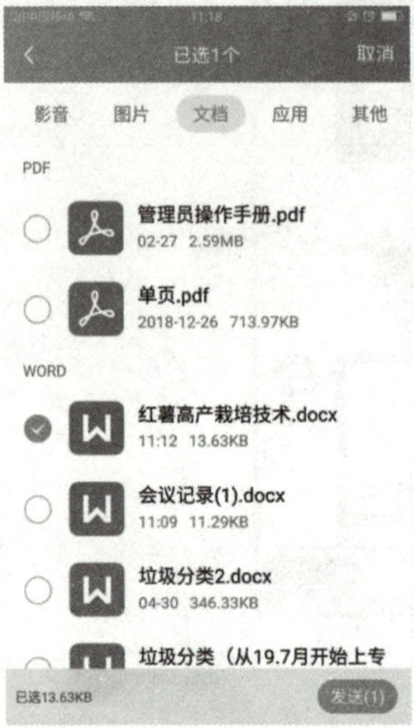

图 7–20

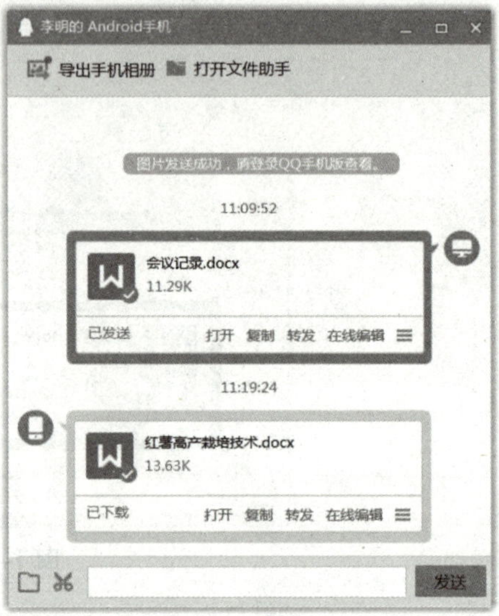

图 7–21

（八）建立 QQ 群进行多人聊天

工作中，我们可以自己创建 QQ 群，它具有信息发送及时、工作效率高等优点。创建 QQ 群方法如下。

步骤 1：打开电脑 QQ→点击【+】按钮→选择创建群，如图 7–22 所示。

图 7–22

步骤 2：选择类别，如图 7-23 所示。

步骤 3：填写相关信息，例如群名称、群规模、加群验证等信息，如图 7-24 所示。

图 7-23

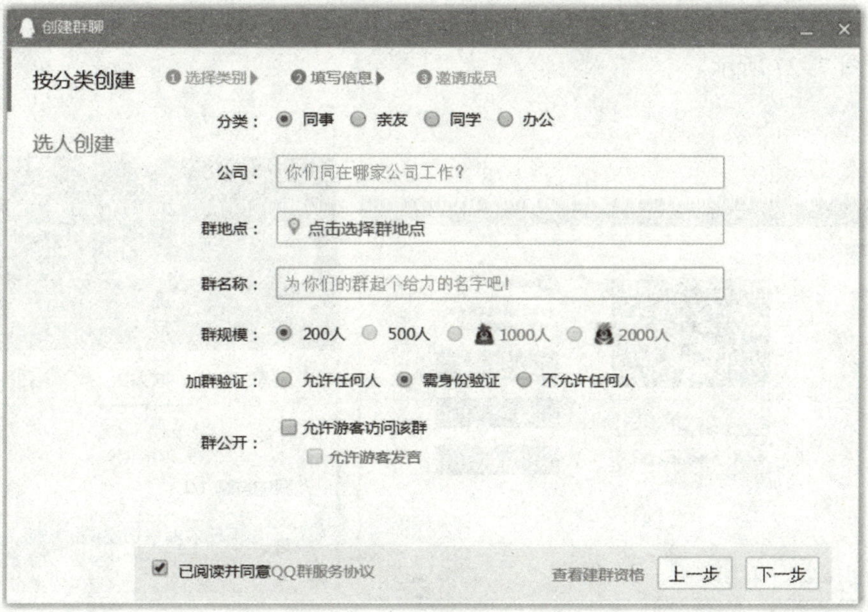

图 7-24

步骤 4:选择好友成为该群成员→点击【完成创建】按钮,如图 7–25 所示。

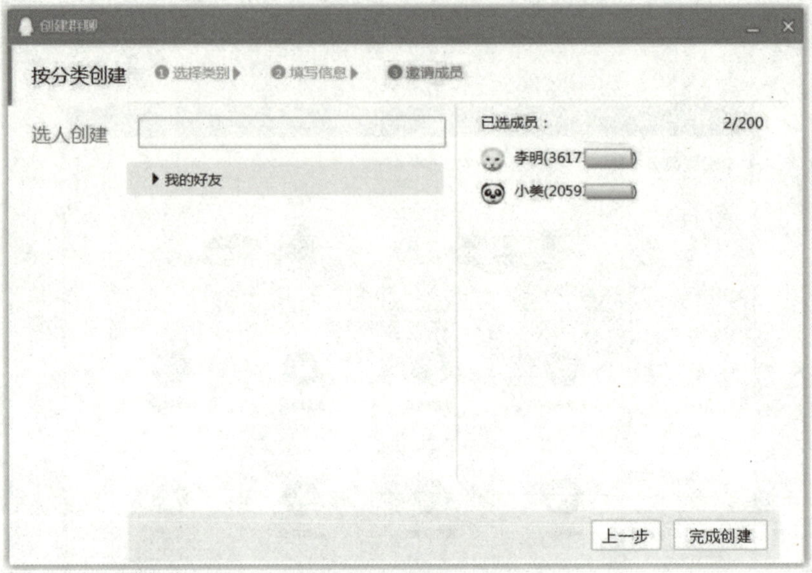

图 7–25

步骤 5:创建群成功→点击【确定】按钮,如图 7–26 所示。

步骤 6:创建的群显示在 QQ 面板上→双击该图标,即可进群聊天、发布信息等,如图 7–27 所示。

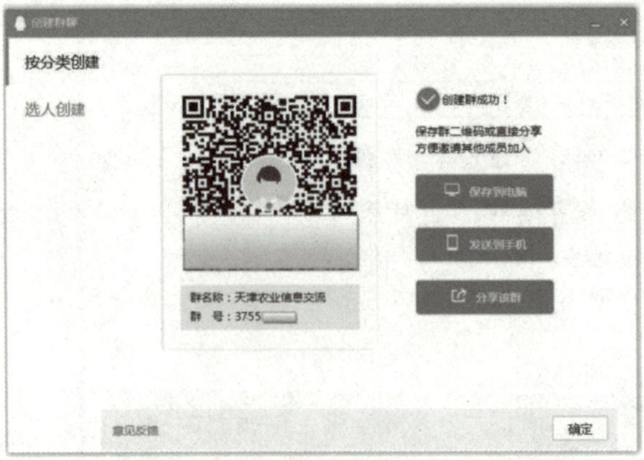

图 7–26

图 7–27

（九）语音与视频聊天

▶▶▶语音聊天

步骤 1：电脑需要连接耳机和麦克风。

步骤 2：打开好友聊天窗口上方的【发起语音通话】按钮，等对方接受并连接成功后，就可以进行语音聊天了。如果不想聊天，对方可以选择【拒绝】按钮，如图 7–28 所示。

> ［小提示］
>
> 语音聊天过程中，我们还可以同时进行文字输入聊天。

▶▶▶视频聊天

步骤 1：电脑需要连接摄像头、耳机和麦克风。

步骤 2：打开好友聊天窗口上方的【发起视频通话】按钮，向对方发起视频聊天请求。

步骤 3：等待对方接受视频邀请，显示连接成功后，再等双方都可以通过摄像头看到彼此之后，便可以进行视频通话了。如果想结束视频通话，单击【挂断】按钮即可，如图 7–29 所示。

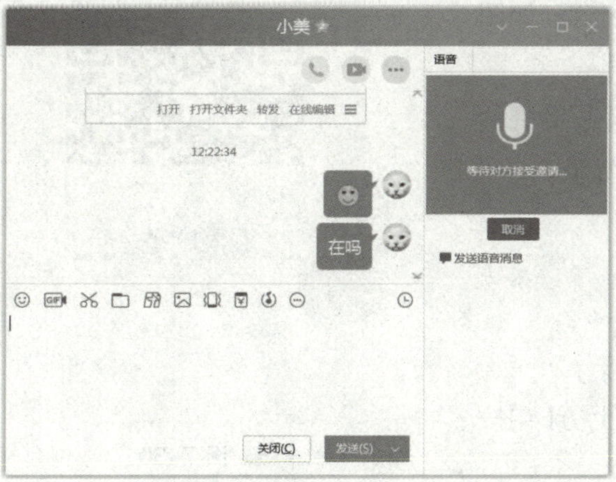

图 7–28

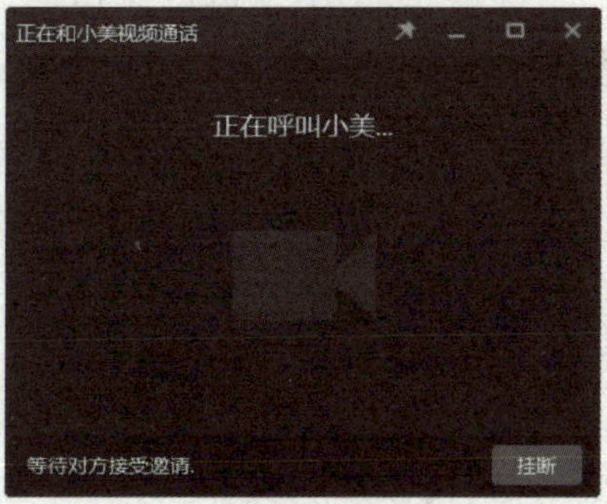

图 7–29

二、微信收发信息

微信是腾讯公司推出的一款能提供即时通信服务的免费应用程序。微信支持跨通信运营商、跨操作系统平台通过网络快速发送免费(需消耗少量网络流量)语音短信、视频、图片和文字,且支持多人群聊的手机聊天软件。微信包括网页版微信、电脑版微信和手机版微信。电脑版微信可以实现手机微信的所有功能,包括发送消息和图片、实时对讲、消息转发、群聊支持二维码,扫一扫就能加入、聊天记录迁移到手机上、设置语音提醒、查看附近人、摇一摇等功能。下面以电脑版微信为例,重点介绍使用方法。

(一)注册与登录

▶▶▶注册

步骤1:使用手机进行微信注册→填写昵称、所在国家、手机号码、密码→点击注册。

步骤2:弹出微信隐私保护指引→选择【我已阅读并同意上述条款】→点击【下一步】→完成校验。注册成功后,你将拥有一个微信账号。

▶▶▶登录

步骤1:双击桌面微信图标→启动程序→弹出【请使用微信扫一扫以登录】二维码,如图7-30所示。

步骤2:使用手机进行扫描→点击手机的【登录】按钮→登录成功,如图7-31所示。

图 7-30

(二)添加与删除好友

▶▶▶添加好友

步骤1:打开手机版微信→点击上方【+】按钮→选择【添加朋友】选项。

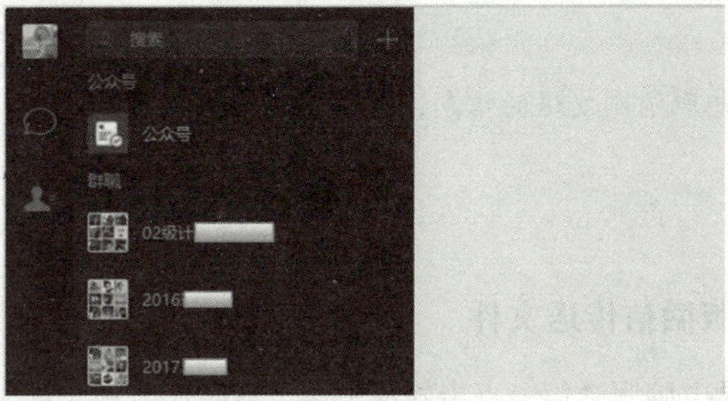

图 7-31

步骤 2:弹出【添加朋友】页面→输入微信号、QQ 号或手机号→显示好友详细资料→点击【添加到通讯录】按钮。

步骤 3:填写验证信息→点击【发送】按钮→等待对方验证→添加好友成功。

►►►删除好友

步骤 1:登录电脑版微信→打开通讯录→找到要删除的好友。

步骤 2:鼠标右击该好友→选择【删除朋友】命令。

步骤 3:弹出【删除朋友】页面→点击【确定】按钮。

(三)电脑版微信发送文字

好友添加成功后,双方就可以发送文字等信息,进行沟通联系了。

步骤 1:登录电脑版微信→打开通讯录→找到好友→点击好友头像→右侧显示好友信息,点击下方【发消息】按钮→右侧显示聊天对话框。

步骤 2:在下方文本框内输入文字信息→单击【发送】按钮→信息会显示在上方的空白处,如图 7-32 所示。

图 7-32

[小提示]

如果想取消刚发送的信息,2 分钟内可以撤回;超过 2 分钟就不能撤回了。

(四)电脑版微信传送文件

步骤 1:登录电脑版微信→点击好友头像→右侧弹出聊天对话框。

步骤 2:点击下方【文件夹】按钮→弹出【打开】页面→选择文件→单击【打开】按钮。

步骤 3:文件显示在下方的【对话框】里→单击【发送】按钮→文件发送成功,如图 7–33 所示。

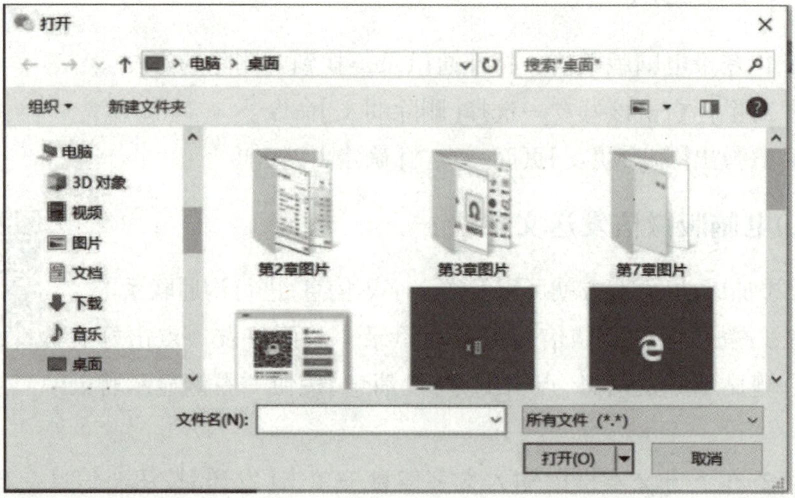

图 7–33

(五)电脑和手机互传文件

办公过程中，我们经常需要在电脑和手机之间进行文件传输,微信就可以方便地实现文件的互传功能。

▶▶▶电脑给手机传文件

步骤 1:登录电脑版微信→点击通讯录中【文件传输助手】→右侧弹出聊天对话框。

步骤 2:点击【文件夹】按钮→弹出【打开】页面→选择文件→单击【打开】按钮。

步骤 3:文件显示在下方的【对话框】里→单击【发送】按钮→文件发送成功。如图 7–34 所示。

步骤 4:打开手机版微信→点击【文件传输助手】→文件显示在手机中→接收保存文件。

图 7–34

▶▶▶手机给电脑传文件

将手机文件传到电脑,方法与上述大致相同。不同的是先打开手机版微信,通过手机通讯录【文件传输助手】进行文件传送,最后打开电脑版微信,查看【文件传输助手】里的文件,进行接收就可以了。

(六)微信群聊

▶▶▶添加群聊成员

步骤 1:登录电脑版微信→点击屏幕右上角的【+】→弹出菜单栏→左侧选择所需要添加的联系人,在小圆圈里打钩(可以一次选择多个联系人)→点击【确定】按钮,如图 7–35 所示。

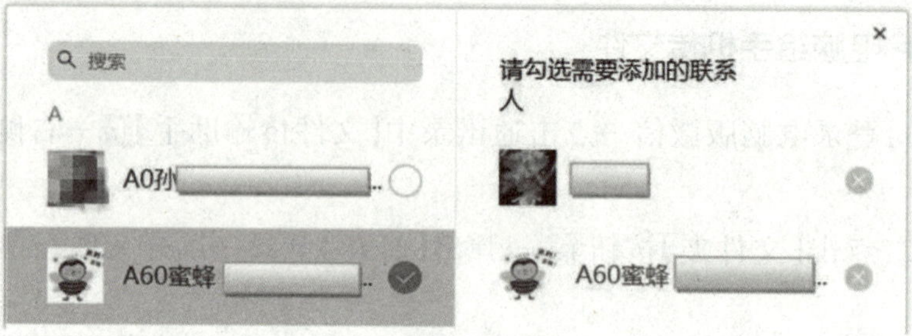

图 7-35

▶▶▶删除群聊成员

步骤：打开群聊对话窗口→单击上方的群聊名称旁下拉按钮→用鼠标右击要删除的成员图标→点击【从群聊中移除】，移除该成员，如图 7-36 所示。

图 7-36

▶▶▶修改群名称

步骤：打开群聊对话窗口→用鼠标右键单击上方的群聊名称→点击【修改群名称】→弹出【修改群聊名称】对话框→输入群聊新名称→点击【确定】按钮，如图7-37 和图 7-38 所示。

图 7-37

图 7-38

(七)语音与视频聊天

▶▶▶语音聊天

步骤:点击好友头像→右侧弹出聊天对话框→点击语音聊天按钮→等待对方接受邀请→对方接受邀请后,即可进行语音聊天。

▶▶▶视频聊天

步骤:点击好友头像→右侧弹出聊天对话框→点击视频聊天按钮→等待对方接受邀请→对方接受邀请后,即可进行视频聊天。

三、邮箱收发邮件

电子邮箱(E-mail)是通过网络电子邮局为网络客户提供的网络交流的电子信息空间。电子邮箱具有存储、收发电子信息的功能,它具有储存空间大、存储类型多、快速安全、经济有效的特点,是网络重要的信息交流工具。电子邮箱可以随时随地发送文件。自动接收来自任何邮箱发来的邮件,邮件可以是文字信息、文档及图片等附带文件,这样就解决了时空的限制,大大提高了办公效率,为办公自动化提供了极大便利,广泛用于人们的办公和生活中。

邮箱分为两类:一是针对个人用户提供个人免费电子邮箱;二是针对企业提供付费企业电子邮箱。我们最常见的就是个人免费电子邮箱,使用人数较多,注册后可以立即使用,主要包括163邮箱、新浪邮箱、搜狐邮箱、QQ邮箱、139邮箱等。下面以新浪邮箱为例,具体介绍一下常用功能的使用方法。

(一)注册与登录

步骤1:打开浏览器→进入新浪邮箱首页(http://mail.sina.com.cn/)→点击邮箱按钮,选择免费邮箱页面→点击【注册】按钮,如图7-39和图7-40所示。

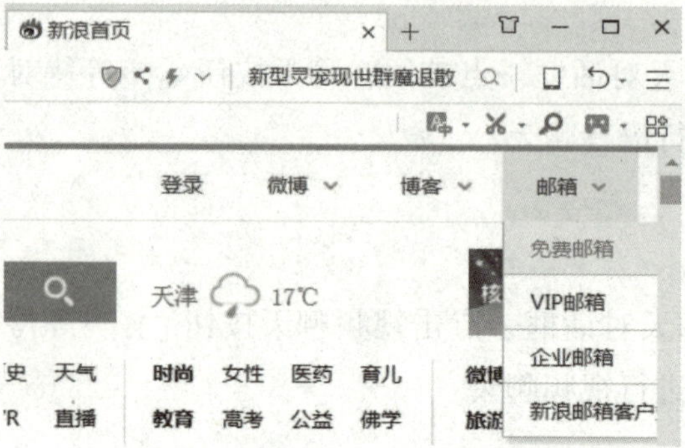

图 7-39

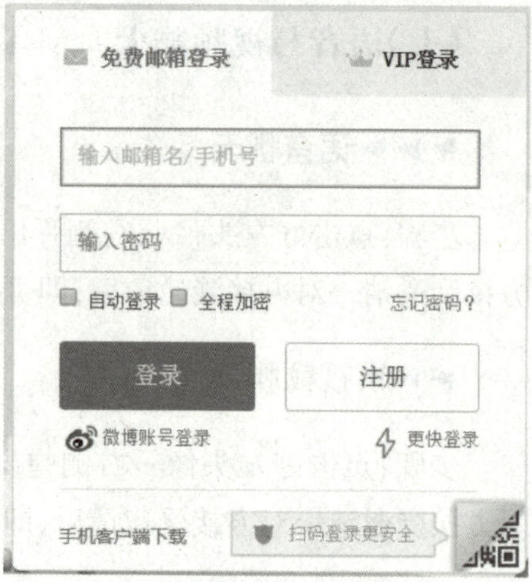

图 7-40

步骤 2：在注册页面，选择【注册新浪邮箱】→填写邮箱地址、密码、确认密码、手机号码、图片验证码、短信验证码等基本信息→点击【立即注册】按钮，如图 7-41 所示。

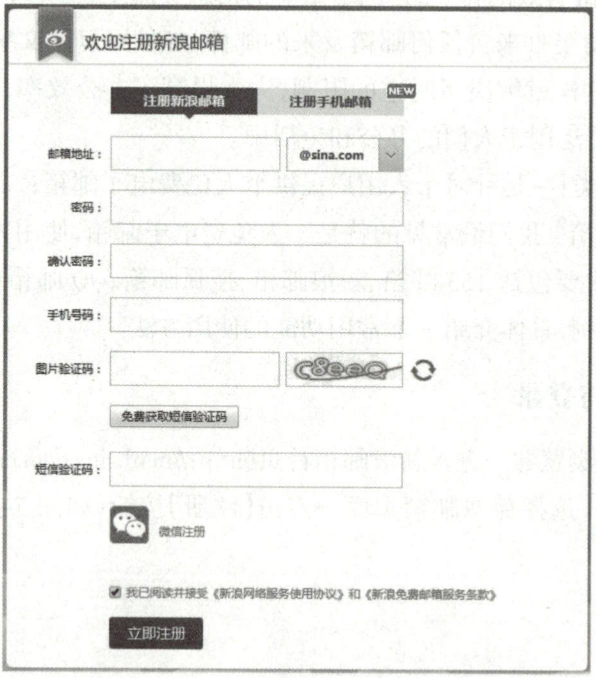

图 7-41

步骤3：弹出注册成功页面，提示邮箱注册成功。

步骤4：打开新浪邮箱登录页面→输入邮箱名/手机号、密码→点击【登录】按钮，即可登录邮箱。

（二）撰写和发送邮件

想要给对方发邮件，首先需要知道对方的电子邮箱地址，然后再写邮件发送给对方，进行联系沟通。下面介绍一下撰写和发送邮件的操作方法。

步骤1：登录电子邮箱页面→单击【写信】按钮 写信。

步骤2：在文本框内填写收件人信息、主题→在下方文件框中填写主题内容→点击【发送】按钮 发送，如图7-42所示。

步骤3：提示发送成功。

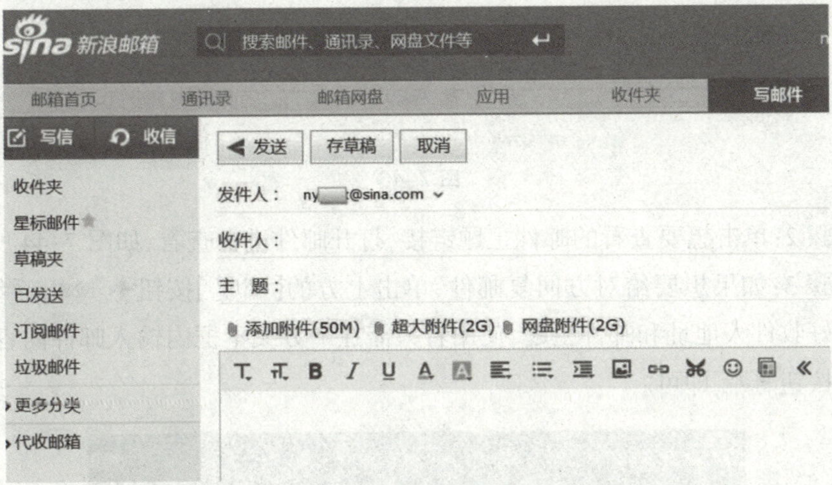

图7-42

［小提示］

在文本框输入文字时，可以对文字的字体、字号、颜色、对齐、更换信纸等进行设置，还可以单击【添加附件】按钮，给对方发送文件。

(三)查看和回复邮件

登录邮箱后,新发来的邮件以黑色粗体显示,点击邮件主题链接,即可查看邮件。

步骤 1:登录邮箱,点击【收件夹】按钮,右侧可以看到邮件列表。列表显示发信人、邮件主题、发信时间等信息,如图 7-43 所示。

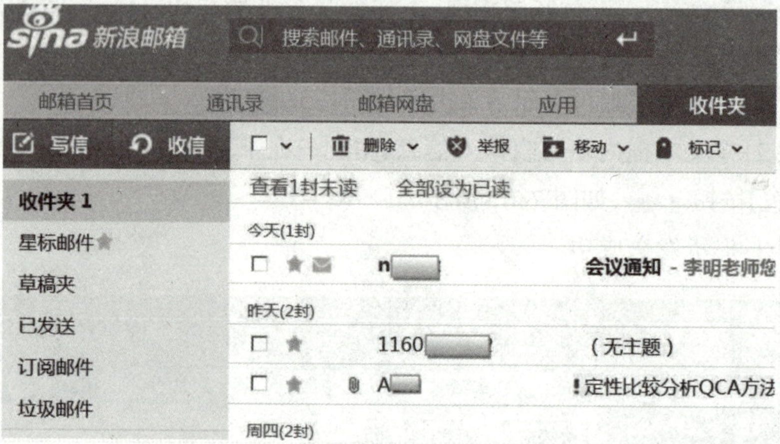

图 7-43

步骤 2:单击想要查看的邮件主题链接,打开邮件进行查看,如图 7-44 所示。

步骤 3:如果想要给对方回复邮件,单击上方的【回复】按钮 回复,系统会自动填写好收件人地址和邮件主题,使用者只需在下方文本框内输入邮件内容,单击【发送】按钮 发送 即可。

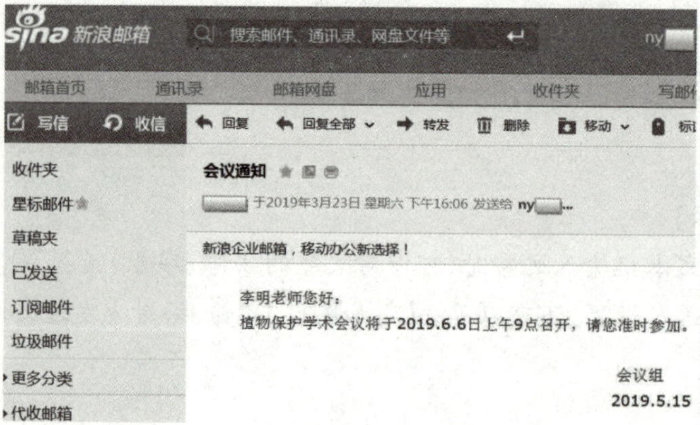

图 7-44

(四)添加与下载附件

▶▶▶添加附件

撰写邮件时,可以添加附件,附件类型有很多,包括文档、图片、视频、音频等。

步骤 1:登录邮箱→单击【写信】按钮 写信 ,进入撰写页面→单击【添加附件】按钮 添加附件(50M) ,如图 7–45 所示。

步骤 2:弹出对话框→选择需要传送的文件→单击【打开】按钮→附件会显示在附件列表中→单击【发送】按钮即可发送邮件及附件。

[小提示]

●如果附件较大,可以选择【超大附件】按钮 超大附件(2G) 或【网盘附件】按钮 网盘附件(2G) 。

●可以添加多个附件,方法是添加一个附件后,再次单击【添加附件】按钮,选择需要传送的文件,附件将会显示在附件列表内,以此类推,点击发送即可。

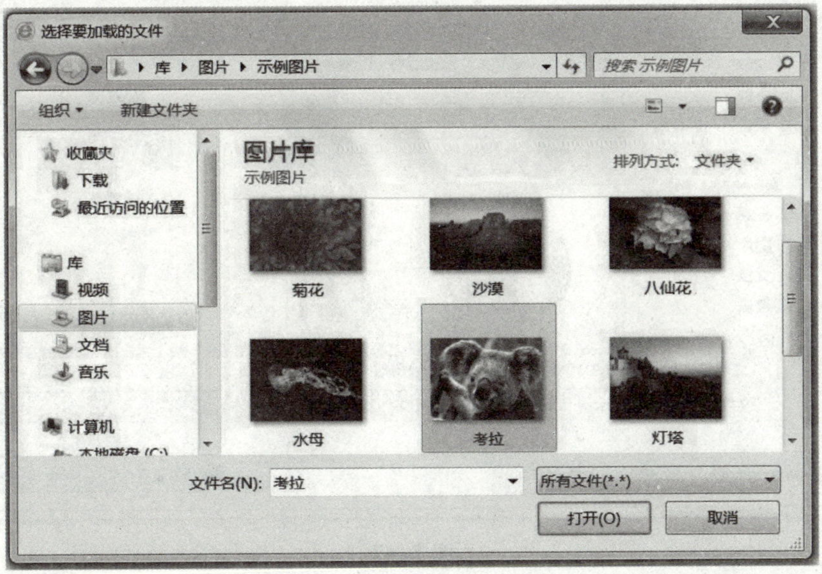

图 7–45

▶▶▶接收附件

如果对方发来的邮件里包含附件，我们应该及时下载到电脑里，具体方法如下。

步骤1：登录邮箱→单击【收件夹】按钮→单击邮件主题链接→打开邮件。

步骤2：如果有附件会显示在下方的【附件】栏→单击【下载附件】，如图7–46所示。

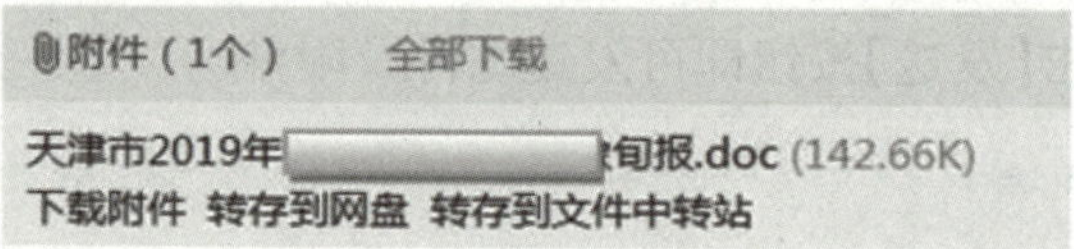

图 7–46

步骤3：弹出【另存为】对话框→选择文件名、保存路径→单击【保存】按钮即可，如图7–47所示。

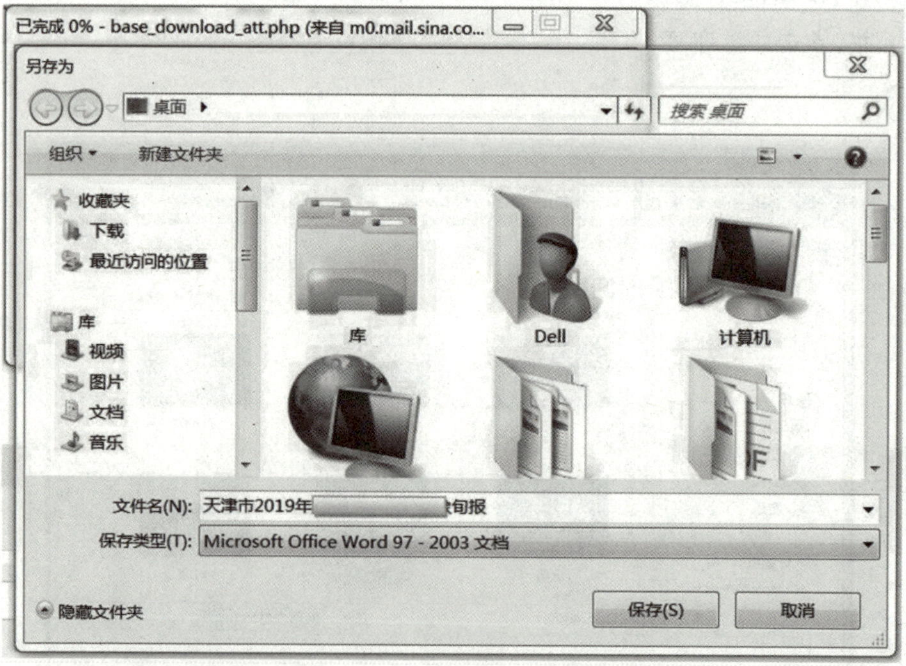

图 7–47

(五)删除邮件

收到的邮件过多,不仅会占用较多的邮箱空间,而且不便于我们查看邮件。因此,删除邮件是非常必要的。删除邮件方法有以下两种:

►►►删除单个邮件

步骤:打开邮件后,点击邮件上方的【删除】按钮 删除,该邮件被删除。

►►►删除多个邮件

步骤:点击【收件夹】按钮→在右侧邮件列表中,勾选想要删除的邮件→点击上方的【删除】按钮 删除,这些选中的邮件就会同时被删除。

[小提示]

这些被删除的文件,会暂时保存在邮箱左侧【已删除】的文件夹中,可以从【已删除】中恢复近期删除的邮件,也可以选择彻底删除邮件。

四、腾讯会议的使用

腾讯会议是腾讯公司提供的一个基于互联网络的视频会议系统,功能一目了然,操作简单方便。参会人员可以通过电脑、手机、平板电脑等方式使用,支持 Android、iOS、Windows、Mac OS 等多种系统,也支持微信小程序和电话接入会议,开会过程中可播放 PPT、PDF、WORD 等多种类型文件,屏幕可以共享,视频清晰且支持实时美颜,还具有实时标注和聊天框的功能。

(一)注册与登录

►►►注册

步骤 1:双击腾讯会议图标→启动程序→进入登录界面,如图 7-48 所示。

步骤 2:点击【注册/登录】→点击【新用户注册】→弹出【新用户注册页面】→填写

手机号码、验证码、名称、密码等信息→点击【注册】→提示申请成功，如图 7–49 所示。

图 7–48

图 7–49

▶▶▶登录

注册成功后，即可登录腾讯会议软件。腾讯会议支持使用手机号或微信直接登录两种登录方式。

方法 1：双击腾讯会议图标→弹出登录页面→点击【注册/登录】→弹出【账号密码登录】页面→填写手机号、密码或验证码信息→点击登录按钮，如图 7–50 所示。

方法 2：点击登录页面下方的微信图标→弹出微信扫码登录方式→用手机微信扫描二维码登录→弹出长条状的面板，登录成功，如图 7–51 所示。

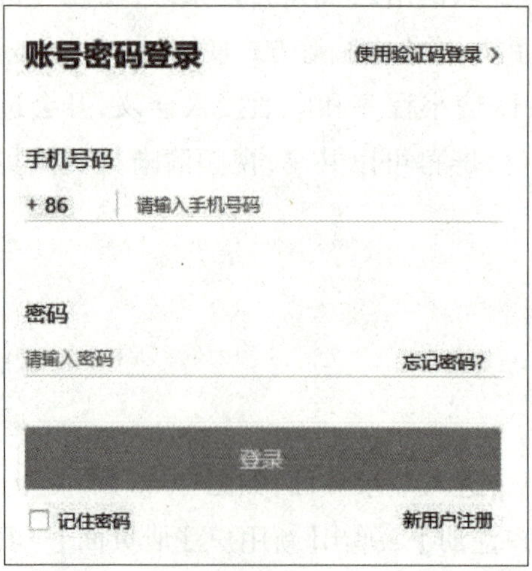

图 7–50

图 7–51

[小提示]

点击头像，可以编辑修改自己的名称，该名称会显示在会议成员列表中。

(二)加入会议

用户参加他人组织发起的会议，可以通过点击会议邀请链接或者输入会议号的方式进入会议。

步骤1：点击面板上的【加入会议】→输入9位会议号和名称信息→进行会议设置→点击【加入会议】，如图7–52所示。

步骤2：系统弹出【会议音频的接入方式】界面→选择【电话拨入】或【电脑音频】接入方式→进入会议界面→设置【静音】【开启视频】【共享屏幕】【文档】等内容，如图7–53和图7–54所示。

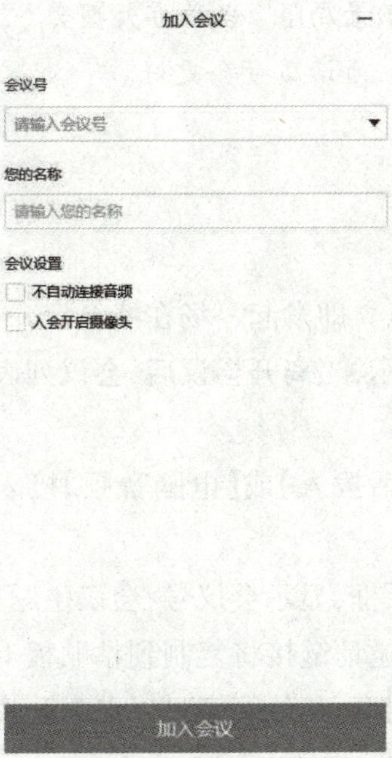

图7–52

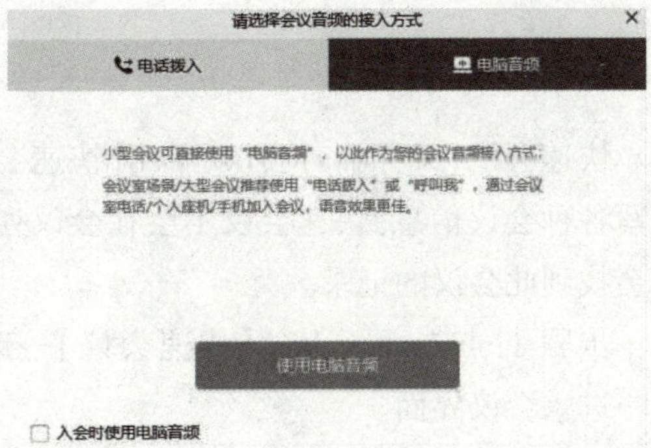

图7–53

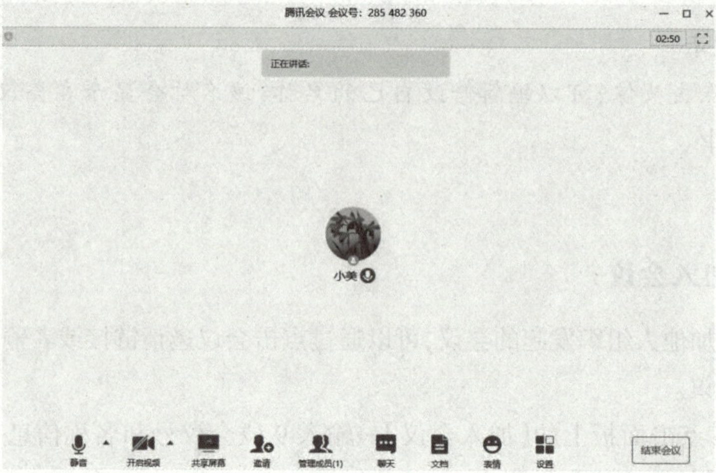

图 7–54

[小提示]

【电脑音频】直接使用电脑的麦克风和扬声器(耳机)作为会议音频接入方式加入会议，适合于小型会议，不受场景局限。当举办大型会议时，建议使用【电话拨打】作为音频接入方式，通话质量会更好。

(三)快速会议

快速会议，又称临时会议，单击【快速会议】可以立即发起一场在线会议，不需填写各种会议信息。快速会议不会在会议列表中展示，当离开会议后，会议列表中不会找到此会议的记录。

步骤 1：点击面板上的【快速会议】→选择【电话拨入】或【电脑音频】接入方式→进入会议界面。

步骤 2：点击下方的【邀请】→弹出会议信息对话框，显示会议号、会议主题、会议时间及会议链接等信息→点击【复制邀请】，会议邀请链接将复制到粘贴板上→通过微信、QQ 等方式将会议邀请链接粘贴发送给同事，其他同事可以点击会议邀请链接或输入会议号加入会议，如图 7–55 所示。

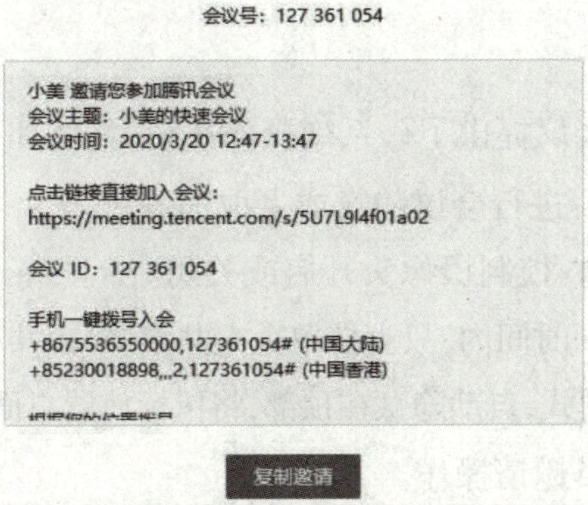

图 7–55

(四)预定会议

预定会议，通过填写预定信息后发起的一个比较正式的会议。会议发起人在预定会议界面填写会议主题、开始时间、结束时间、入会密码、文档等信息。当会议到达您设定的结束时间后，系统不会强制结束会议。

步骤 1：点击面板上的【预定会议】→弹出【预定会议界面】→填写会议主题，设置开始时间、结束时间、日历、入会密码、文档等信息→点击【预定】即可，如图 7–56 所示。

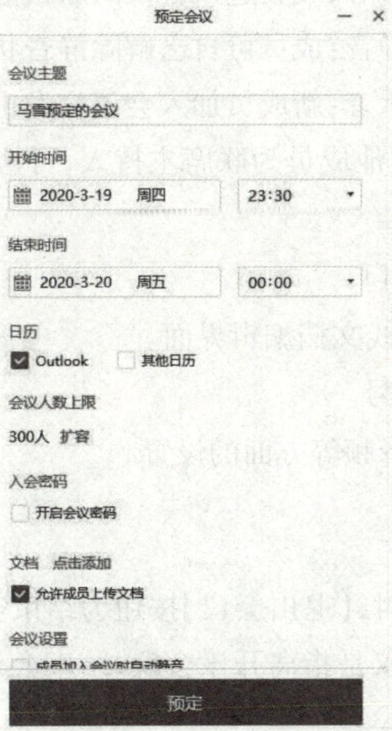

图 7–56

(五)会议管理

进入会议后,腾讯会议提供了一系列操作按钮,具体如下。

●静音/取消静音:进行会议静音或者取消静音。

●开启/关闭视频:控制摄像头开启或关闭。

●共享屏幕:同一时间内,只支持单个人共享屏幕。共享屏幕后,屏幕共享菜单将会在3秒后进入沉浸模式,自动隐藏在顶部,将鼠标放置桌面上方即可唤出。

●邀请:进行成员邀请操作。

●成员/管理成员:可以查看当前成员列表。如果是会议主持人,还可以对成员进行管理,通过此功能对会场纪律进行控制。

○成员数:显示当前会议内成员数。

○成员列表:显示当前所有在会议中的成员,主持人可以对列表中某个成员进行静音/取消静音操作、改名操作、移出会议操作,或将主持人身份移交给某个成员。

○全体静音:对当前会议内所有成员进行静音操作。有新成员加入时,也会默认被静音。

○解除全体静音:取消全体静音的状态。

○成员入会时静音:新加入成员进入会议时默认静音。

○允许成员自我解除静音:成员可自己解除静音状态。

○成员进入时播放提示音:新成员加入会议会发出提示音。

○联席主持人:设置其他成员为联席主持人,可协助主持人管理会议,对成员进行静音、解除静音等操作。

●聊天:打开聊天窗口。

●会议文档:打开在线文档编辑界面。

●表情:发送表情符号。

●设置:进行视频、音频等方面的设置。

(六)退出会议

当身份为会议主持人时,【退出会议】按钮为结束会议,点击后可选择【结束会议】或【离开会议】。离开会议是指离开该会议,结束会议是指将会议中的其他成员全部移出。

当您身份为成员时,【退出会议】按钮为离开会议,点击后可离开该会议。

五、常见问题与解决办法

(一)QQ 密码丢失怎么办

登录 QQ 安全中心(https://aq.qq.com/cn2/index)→点击页面的【密码管理】按钮→填写账号、验证码→进行身份验证→设置新密码,如图 7-57 和图 7-58 所示。

图 7-57

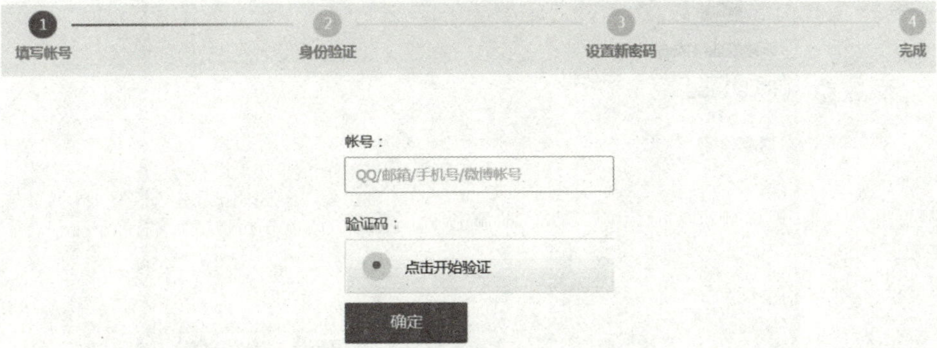

图 7-58

(二)如何加入 QQ 群

QQ 群是我们工作中经常会用到的,通过 QQ 群发布信息,我们可以及时查看信息,与群里的朋友沟通交流,加入 QQ 群方法如下。

步骤 1:点击加好友图标 →单击【找群】选项卡→输入 QQ 群号码→单击【查找】按钮→找到想要加入的 QQ 群→点击【+加群】按钮,如图 7-59 所示。

步骤 2:填写验证信息→点击【下一步】按钮→等待加入,如图 7-60 所示。

步骤 3:待群主审核通过信息后,QQ 面板上会出现该 QQ 群名称→双击 QQ 群名称,就可以进入该群与其他人进行聊天了。

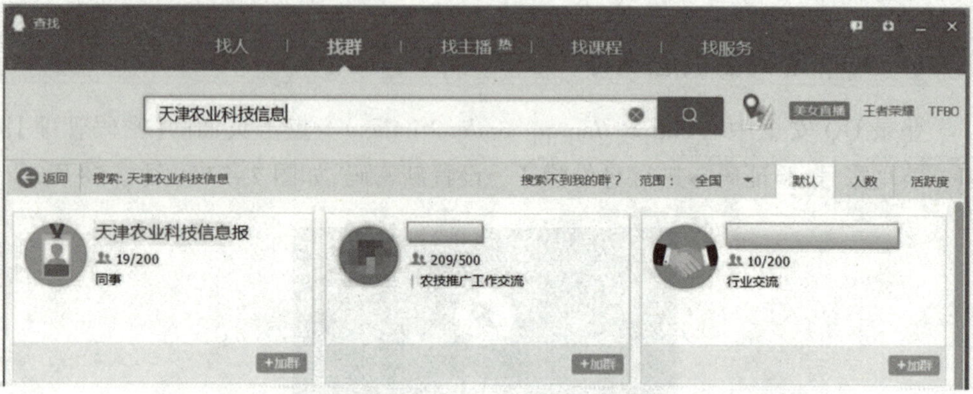

图 7-59

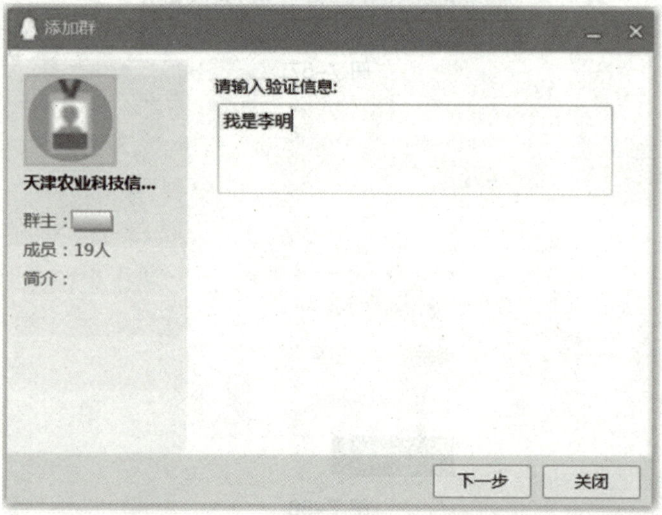

图 7-60

(三)微信网页版登录方式

微信网页版可以直接在网页浏览器中收发信息,以及在电脑和手机之间无线传输文件、图片等信息,配合手机版微信使用。

步骤:打开浏览器,进入微信网页版首页(https://wx.qq.com/)→页面显示二维码→使用手机【微信扫一扫】扫描二维码，即可登录，如图 7-61 和图 7-62 所示。

图 7-61

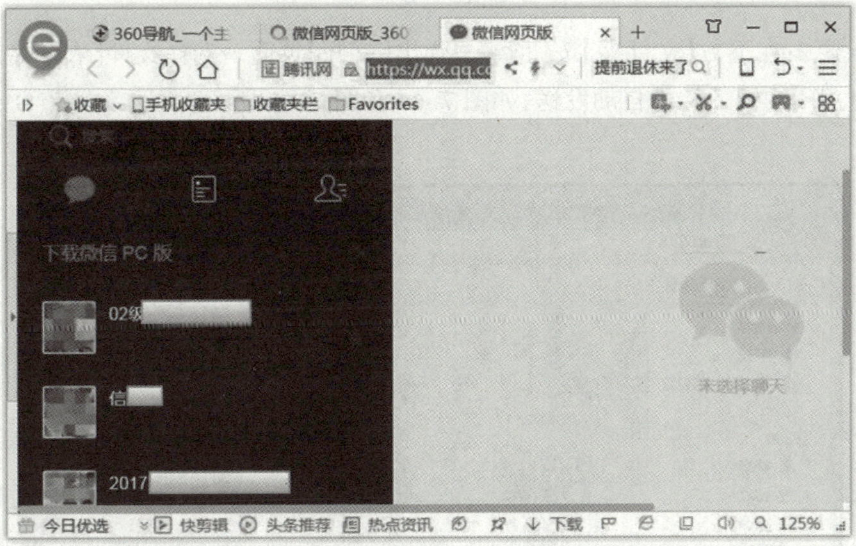

图 7-62

（四）如何使用网页版微信传送文件

用微信传送文件方便快捷，给工作带来了极大的便捷，具体流程如下。

步骤 1：登录到网页版微信页面，左侧显示微信好友列表→单击好友名称，打开聊天窗口，如图 7-63 所示。

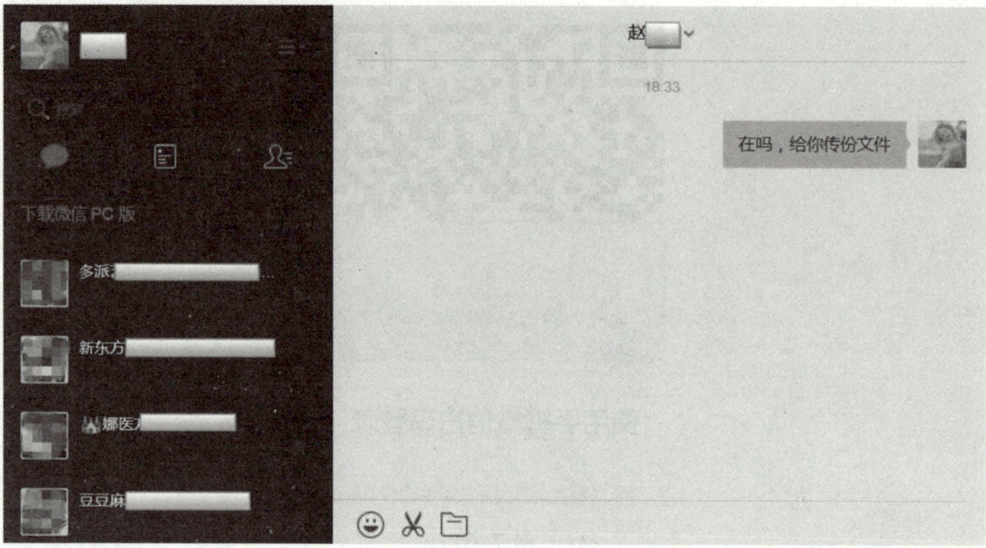

图 7-63

步骤 2：在下方【文件夹】按钮→弹出【打开】页面→选择文件【农户名册】→单击【打开】按钮→文件自动发送，如图 7-64 和图 7-65 所示。

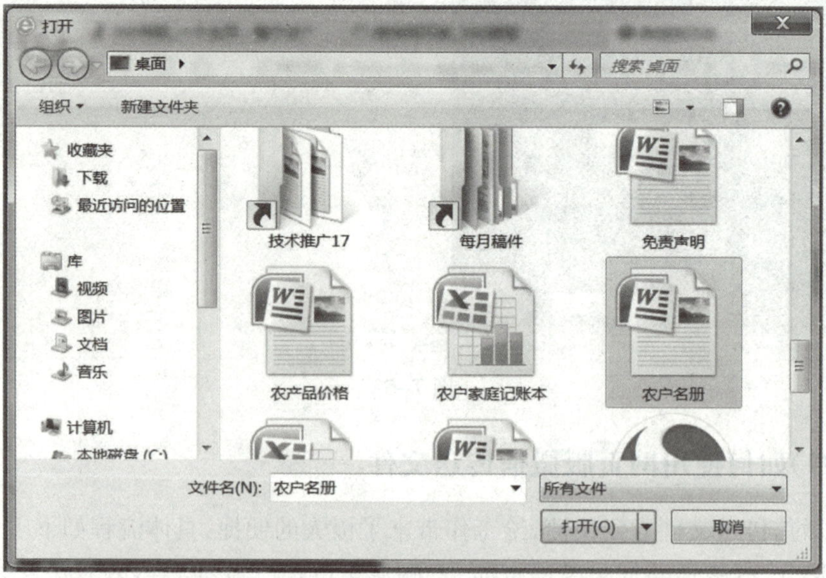

图 7-64

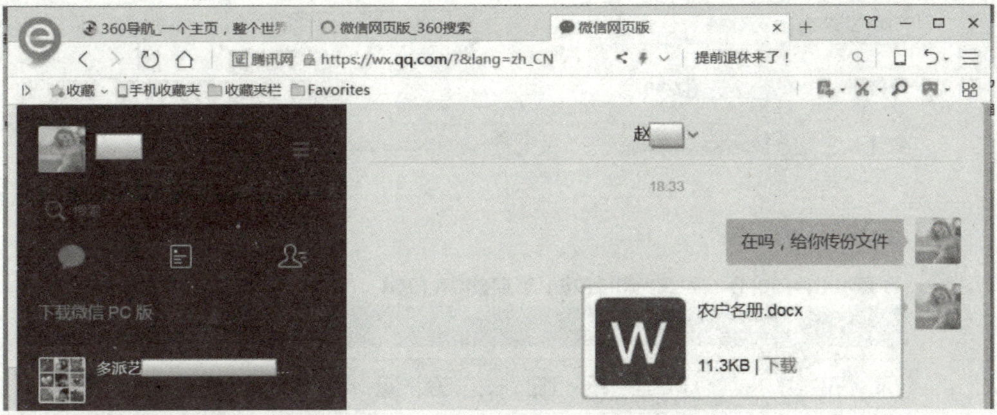

图 7–65

（五）如何撰写一封邮件，并同时发送给多个人

发送邮件时，有时需要将同一份文件发给多个人，如果一封一封地发，费时费力。因此我们可以采用下列方法，只发送一次，就可以将文件发给多人。下面以发送【农产品价格】为例，介绍如何将文件同时发送给多人，以提高效率。

步骤 1：登录新浪邮箱页面→单击【写信】按钮→在【收件人】文本框里输入要发送的多个电子邮箱地址，用英文标点分号【;】隔开，或者打开邮箱的通讯录直接选择多个对象。

步骤 2：在【主题】文本框里输入主题→在下方文件框中填写主题内容→点击【添加附件】按钮→选择要上传的文件→点击【发送】按钮即可，如图 7–66 所示。

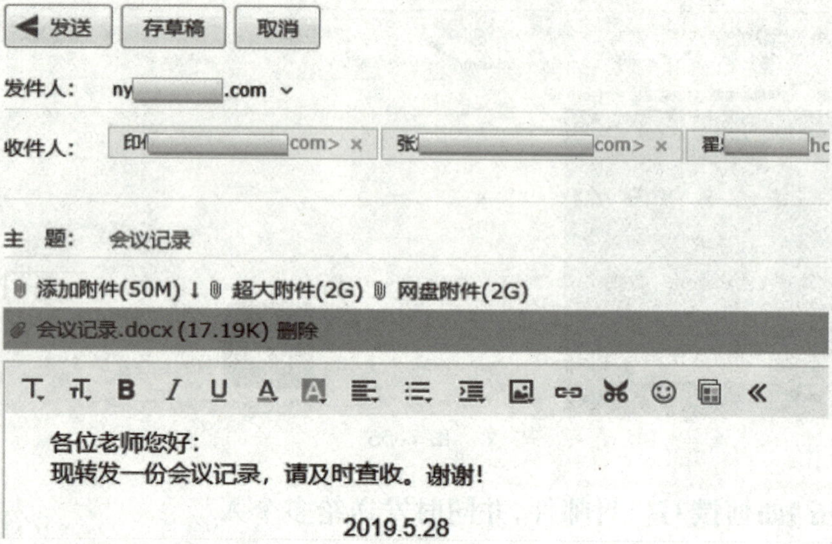
发送
存草稿
取消
发件人：
收件人：
主 题： 会议记录
添加附件(50M) 超大附件(2G) 网盘附件(2G)
会议记录.docx (17.19K) 删除
各位老师您好：
现转发一份会议记录，请及时查收。谢谢！
2019.5.28

图 7–66

附 录

Word 常用快捷键组合表

快捷键	功能
F1	打开帮助文档
Ctrl+Z	撤销上一步操作
Ctrl+Y	重复上一次操作
Ctrl+G	定位
Ctrl+B	字体加粗
Ctrl+I	字体变斜体
Ctrl+U	字体添加下划线
Ctrl+F	查找
Ctrl+H	替换
Ctrl+C	复制
Ctrl+X	剪切
Ctrl+V	粘贴
Ctrl+Alt+V	选择性粘贴
Ctrl+O	打开文件
Ctrl+W	关闭文件
Ctrl+S	保存
Ctrl+P	打印
Ctrl+拖拽对象	复制对象、选区
Ctrl+Q	删除段落格式
Shift+F3	切换字母大小写
Ctrl+Shift+A	字母变大写
Alt+Ctrl+Home	浏览文档
Esc	取消操作

Excel 常用快捷键组合表

快捷键	功能
Ctrl+A	选定整张工作表
Shift+空格键	选定整行
Ctrl+空格键	选定整列
Ctrl+拖选、单击	选中多个不连续区域、工作表
Ctrl+Shift+方向键	从当前位置选到数据区域边缘
Ctrl+方向键	移动到当前数据区域各方面边界
Ctrl+Home	移动到工作表的开头
Ctrl+End	移动到工作表的最后一个单元格
Ctrl+PageDown	移动到工作簿中的下一张工作表
Ctrl+PageUp	移动到工作簿中的上一张工作表
Shift+2 次不同位置单击	选中两次单击间的连续区域
Enter	完成输入并向下移动
Tab	完成输入并向右移动
Shift+拖拽选区	局部移动数据
Ctrl+鼠标滚轮	缩放表格比例
Shift+F11	插入新工作表
Ctrl+Enter	批量输入相同内容
Ctrl+;	插入日期
Ctrl+Shift+;	插入时间
Ctrl+拖曳填充柄	自动填充
Alt+Enter	单元格内强制换行
Alt+拖拽对象边缘	对齐网格边缘调整图表尺寸
Ctrl+D	向下填充
Ctrl+R	向右填充
Ctrl+Z	撤销上一次操作
Esc	取消单元格输入

参考文献

[1]王振. 办公自动化研究综述 [J]. 办公自动化，2010，22：4–7.

[2]罗亮，张应梅. 新手学电脑 8 合 1 [M]. 北京：电子工业出版社，2018.

[3]竺洪平. 电脑显示器使用中的几个技术问题 [J]. 宁波高等专科学校学报，2004，16(4)：32–34.

[4]朱维. 新手学电脑 [M]. 北京：电子工业出版社，2017.

[5]林新平. 办公电脑病毒防治之我见 [J]. 广西轻工业，2007，12(109)：62，26.

[6]高娟，江北大，田鑫鑫. 搜狗拼音上输入法技巧 [J]. 电脑知识与技术，2011，7(3)：690–691.

[7]于会智. 解析 Word 文档在日常办公中的使用技巧 [J]. 漯河职业技术学院学报，2008，7(2)：73–74.

[8]秋叶. 和秋叶一起学 Word [M]. 北京：人民邮电出版社，2017.

[9]秋叶. 和秋叶一起学 Excel [M]. 北京：人民邮电出版社，2017.

[10]文杰书院. 新手学电脑从入门到精通 [M]. 北京：化学工业出版社，2019.